从零基础到烹调大师——

筵席知识与设计制作

主 编 钱 峰　黄瑞皎

中国商业出版社

图书在版编目(CIP)数据

筵席知识与设计制作/ 钱峰,黄瑞皎主编. —— 北京：中国商业出版社，2022.1
ISBN 978－7－5208－2016－5

Ⅰ.①筵… Ⅱ.①钱… ②黄… Ⅲ.①宴会－设计－中等专业学校－教材②烹饪－方法－中等专业学校－教材Ⅳ.①TS972.32②TS972.1

中国版本图书馆 CIP 数据核字(2021)第 258625 号

责任编辑:李 华

中国商业出版社出版发行
010－63180647　www.c－cbook.com
(100053　北京广安门内报国寺 1 号)
新华书店经销
北京广达印刷有限公司印刷

*

787 毫米×1092 毫米　16 开　15 印张　280 千字
2022 年 1 月第 1 版　2022 年 1 月第 1 次印刷
定价:68.00 元

* * * *
(如有印装质量问题可更换)

前　言

中华饮食文化历史悠久，是中华文化的重要组成部分。中华饮食文化特别是中式烹调技艺在世界饮食文化中占据了重要的地位。在2021年4月，**习近平总书记对职业教育工作作出重要指示强调，在全面建设社会主义现代化国家新征程中，职业教育前途广阔、大有可为。加快构建现代职业教育体系，培养更多高素质技术技能人才、能工巧匠、大国工匠。** 为更好地贯彻落实全国职业教育大会精神，推进社会主义文化强国建设，弘扬中华饮食文化特别是中式烹调技艺、传播中华美食、传播中华优秀文化，经过多次调研论证，我们邀请部分中国中餐烹调技艺的专家学者和烹饪大师精心编写了这套**《零基础到烹调大师——烹饪鲁班工坊系列丛书》**。

本系列烹饪教材的编写，结合餐饮行业的特点及烹饪人才的需要，根据国家对职业教育的发展要求，以期提高教学质量，改进教学方法，不断推进教学改革，尽快地为社会培养更多更好的烹饪人才。该系列教材既适合高职院校师生使用，又适合中职学校师生及社会培训机构使用。

这本《筵席知识与设计制作》是中餐烹饪专业的专业课教材之一。旨在提高学生对筵席知识的认识和掌握，提高筵席设计和制作的水平，是烹饪专业不可缺少的重要组成部分。全书从筵席的起源、作用、分类等基础知识着手，对筵席的设计、制作要求、组织实施、质量控制及筵席的摆台和服务等进行详细讲述。既讲述了筵席的共性知识，也列举了各地由于饮食习惯、风俗不同等因素而形成的特色，并列举部分筵席菜单实例。在课程设计上，本着实用为主、够用为度的原则，既方便学生掌握，也便于学生得到进一步提升，为学生的就业和实际操作打下良好的基础；在课程内容和结构上，力求内容充实、结构合理、便于学生理解，既有必须掌握的专业知识，也有开阔视野的相对内容，有利于学生理论知识和技能知识的综合掌握。

本书由江苏省徐州技师学院钱峰、黄瑞皎担任主编,并由钱峰负责总纂。

本书在编写过程中,得到了江苏省徐州技师学院相关领导的大力支持,在此表示衷心的感谢!

由于时间仓促,加之编者水平有限,缺点遗漏在所难免。缺点、不妥之处,恳请专家、同行及广大读者批评指正。

编 者

2021 年 12 月

目 录

第一章　筵席概述 (1)
- 第一节　筵席的起源与发展 (3)
- 第二节　筵席、宴席、宴会 (9)
- 第三节　我国筵席的状况和发展对策 (11)

第二章　筵席的特征、分类及要求 (17)
- 第一节　筵席的特点与作用 (19)
- 第二节　筵席的分类和种类 (25)
- 第三节　筵席的基本要求 (29)

第三章　筵席的菜单 (33)
- 第一节　筵席菜单的概念和种类 (35)
- 第二节　筵席菜单的内容和作用 (39)
- 第三节　筵席菜单的设计原则和方法 (44)
- 第四节　筵席菜单设计注意事项 (48)

第四章　筵席的设计与开发 (51)
- 第一节　筵席设计与开发的原则 (53)
- 第二节　筵席的菜点设计 (62)
- 第三节　筵席的成本设计 (70)

第五章　筵席的制作要求 (75)
- 第一节　筵席原料的配伍要求 (77)
- 第二节　筵席菜点的配伍要求 (82)
- 第三节　筵席制作的人员要求 (89)
- 第四节　筵席的成本要求 (95)

第六章　筵席安全卫生 (105)
- 第一节　食品安全卫生基础知识 (107)
- 第二节　筵席的食品安全卫生要求 (113)

第七章　筵席的摆台与服务 (131)
- 第一节　筵席服务的内容 (133)

第二节　中西餐摆台基本技能 …………………………………（142）

第三节　餐巾折花基本技能 ………………………………………（144）

第四节　筵席服务基本技能 ………………………………………（148）

第八章　主题筵席及菜单实例 …………………………………（161）

第一节　婚宴菜单实例 ……………………………………………（163）

第二节　生日宴菜单实例 …………………………………………（172）

第三节　商务宴菜单实例 …………………………………………（178）

第四节　中国地方风味筵席 ………………………………………（182）

第九章　中国古今名宴简介 ………………………………………（191）

第一章

筵席概述

第一节　筵席的起源与发展

筵席，泛称酒席，通常也叫"宴席"，是人们聚餐的方式之一，也可以说是一种特殊的聚餐方式。

古代人吃饭时席地而坐，将铺在下面的大席称为"筵"，坐着的小席称为"席"，合起来就叫"筵席"。筵席就是在这个意义上沿用下来的，它包括酒菜的配置、上菜的方法、摆设以及服务、环境、礼节礼仪等。一套精心的筵席，对原料的选用，菜点色、形、香、味的组合，餐具饮器的配置，烹调及加工技法的运用，菜肴、羹汤、点心的排列，肴馔总体风味特色的表现，都要经过周密的设计。

一、筵席的起源

资料显示，中国筵席萌芽于四千多年前的虞舜时代，其历史悠久，春秋战国时期已初具规模。随着时代的推移和变化，筵席的内容也在不断地规范和发展壮大，从而形成了现代状况的筵席情景。

"筵席"是由"筵"和"席"组成的。据《周礼》记载："设筵之法，先设者皆言筵，后加者为席。"也就是说，古人聚食，席地而坐，底下铺有粗草编制的叫"筵"，"筵"上加铺细草编织的叫"席"，当时也称席位。筵大席小，筵长席短，筵粗席细，筵铺地上，席设筵上。

"筵席"的形成，源于古代的祭祀。据《周礼》记载："天神称祀，地祇称祭，宗庙称享。"《孝经》也记有："祭者，际也，人神相接，故曰际也；祀者，似也，谓祀者似将见先人也。"说明古代先人为了达到安居乐业、五谷丰登、身体健康等愿望，从而产生了祭祀的活动。通过敬神祭祖，达到使神和先人保佑活着的人的愿望。既然有祭祀，也就产生了祭祀的祭品和祭祀的礼器，祭祀完毕后，大家席地而坐，分享祭品，于是祭品转化为菜品，礼器转化为餐器。由于祭祀的目的和规模不同，这种被大家分享的菜品和礼器其质量和数量也不一样。祭神、祭祖的供品，用的是牛大牢、羊少牢。这就是筵席的雏形。

除去祭祀，古代的礼俗也促进了筵席的形成。古代的礼俗表现在方方面面，从国事礼仪到民间各种礼节，渗透到社会的各个环节，"宾礼""冠礼""婚礼""寿礼"

"丧礼"等,在通常情况下,行礼、奏乐、摆宴,如果没有丰盛的肴馔来招待来宾,便是对宾客的不恭,因此说,礼俗也促进了筵席的形成和发展。

从筵席上的含义演变上来看,它先由竹草编成的坐垫引申为饮宴场所,再由饮宴场所,转化成酒菜的代称,最后专指筵席。故而可以说,在间接渊源上,筵席又是由于古人宫室和起居条件发展演化而来的。

二、筵席的发展

筵席经过历朝历代的变迁,筵席的内容、规模及相关饮食也得到了发展。由于经济发展的不平衡,筵席在不同的时期发展的特点也不一样。

1.夏商周时期

这一时期,由于祭祀等礼俗,筵席已经形成,这一时期敬老之风尤甚,出现了敬老宴和"飨礼","飨"就是设置美味佳肴,盛礼迎接宾客,相聚宴饮。殷商时期,纣王当政,以酒为池,悬肉为林为长夜之饮。可以说当时贵族宴饮生活已相当奢侈。周代时,宴饮的规格、等级较以前更加正规,如宴饮制度上的列案制度,也就是说,进食者身份尊贵或年长者,可以凭食几而食,年少者要站着伺候,站着进食;天子用膳、士大夫用膳,其菜品数量和等级也不尽相同;同时还设立了献食制度,吃一味、献一味,一味食毕,再献一味;接待程序也有了相应发展,从邀请到接待,再到结束送客,都有一定的讲究。

2.春秋战国时期

周以后,特别是春秋,产生了等级,筵席也发生了变化,并成为宫廷宴饮的一种仪式。天子、诸侯、大夫都不一样,一个诸侯宴请一个下大夫要肴馔四十五件,其中规定"正馔要有古十三件,并增添临加馔十二件"。春秋以来男子成年要举行"冠礼",女子成年要举行"笄礼",嫁娶要举行"婚礼",添丁要举行"洗礼",寿筵要举行"寿礼",辞世要举行"丧礼"。这些红白喜庆也少不了置酒备菜,接待亲朋至爱,这种聚会实质上就是筵席了。据考证,甲骨文中"飨"字就像两人相对,跪坐而食,古书对这个字解释,也是设置美味佳肴,盛礼应待贵宾。所有这些都可说明,从直接渊源上讲,筵席是在夏商周三代祭祀和礼俗影响下,发展演变而来的。夏商周三代还秉承石器时期的穴居遗风,把芦苇和竹片编织的席子铺在地上,供人就坐,堂上的座位以南为尊,室内的座位以东为上,因而古书中常有"西南""东向"设座待客的提法。后世筵席安排主宾席,不是向东,便是朝南,根源即在于此。古人席地而坐,登堂必先脱鞋。那时的席大小不一,有的可坐数人,有的仅坐一人,一般人家短席为多,所以先民治宴,最早为一人一席,筵与席是同义词。两者区别是筵长席短,筵粗席细，筵铺地面，席铺地上，时间长了，两字便合二为一。

这一时期，筵席有所发展，筵席席面的限制已不那么严格。筵席席面设计有所突破，筵席的菜品组合比较适当，筵席的器具典雅精美，并流行有筑台宴乐的风气，且宴乐发展尤甚。各种礼俗突出，筵席的规模和档次较以前有所提高。

3.秦汉时期

秦朝，饮食市场繁荣，各种宴饮活动都比较隆重。汉朝废除秦朝礼仪之法，崇尚简易，但也制定了一套严格的礼仪制度，民间宴饮也有约定成俗的规定，甚至筵席菜肴的陈放也有一定的规矩。《礼记》记载："凡进食之礼，左肴右胾，食居人之左，羹居人之右，脍炙处外，醯酱处内，葱处末，酒浆处右。"同时，饮酒还要行酒令，器具也由厚重趋向轻薄，多以漆器为主，席间有侍者斟酒布菜，有乐伎表演歌舞，人们由跪坐转入桌凳，筵席的概念出现了新的扩展。

这一时期，筵宴之风日益盛行，无论宫廷还是民间都有大摆筵席的习俗，筵席的规模和品种等继续增加。汉朝桓宽《盐铁论·散不足》：今富者祈名岳，望山川，椎牛击鼓，戏倡舞像。中者南居当路，水上云台，屠羊杀狗，鼓瑟吹笙。贫者鸡豕五芳，卫保散腊，倾盖社场。扬雄《蜀都赋》：置酒乎荥川之闲宅，设坐乎华都之高堂。延帷扬幕，接帐连冈。众器雕琢，早刻将皇，厥女作歌，舞曲转节。

西汉时期，筵席的肴品不仅制作精美，数量也开始大量增加。

4.魏晋南北朝时期

魏晋时期，不仅有豪宴，也出现了典雅的筵席，文酒之风兴盛，文人聚会讲究雅境、雅情、雅菜、雅趣，这一现象对后世影响较大。到了南北朝时期，就餐环境、卫生条件、菜品数量、盛装器皿等都出现了变化，筵席趋向雅巧，且筵席名目繁多，针对不同目的的筵席，特色分明，种类多样化。这一时期，由于佛教的传入，出现了早起的素席，增添了中国筵席的内容。

5.隋唐五代时期

隋唐时期，一改周秦两汉南北朝筵席法，将席面由地面升高，食者升坐椅凳，凭桌而食。

特别是唐朝，国富民强，经济发展迅速，对外交流频繁，筵席的发展也进入了一个新的阶段。我们从《韩熙载夜宴图》就可以看出当时筵席的规模和档次。这一时期，出现了高桌和椅子，餐具也出现了细瓷，并且讲究高雅情调的各种形式的宴饮，借景赏景，饮酒赋诗，场面生动有趣，讲究情感愉悦、心理舒适；同时筵席的规模及使用的原料、烹饪工艺也日益讲究，乡土风味筵席层出不穷，并且实行了一人一桌一椅的分食制。烧尾宴、曲江宴堪称这一时期的经典代表。

五代时有了木椅,椅背上有靠背椅单,原来作席用的虎皮之类,成了太师椅靠背的垫单。食案不再列席,多用作献食捧盘,铺地的筵席成了围桌的桌帷,遂将草编制品变成布制品。五代时贵家饮宴,实行一人一桌一椅的一席制。

6.宋金元时期

宋朝,饮食市场繁荣,从宫廷到民间,名宴众多,宴席菜肴丰富,《武林旧事》记载:清河郡王张俊在家中宴请宋高宗赵构的"御宴",菜肴共计250件,可见其豪华奢侈。这一时期还出现了专管民间吉庆筵席的"四司六局",承担筵席的一切事宜,促进了筵席制作方面的发展。到了元代,筵席菜品融入了大量的蒙古风味菜肴,牛羊肉居多,技法上也以烧烤居多。并且出现了将饮食与游乐有机结合起来的游宴、船宴。《太平广记》记载:"忽闻下流十数里,丝竹竞奏,笑语喧然,风水薄送如咫尺。须臾渐近,楼船百艘,塞江而至,皆以锦绣为帆,金玉饰舟,旄纛盖伴,旌旗戈戟,缤纷照耀。中有朱紫数十人,绮罗妓女几百许,饮酒奏乐方酣。他舟则列从官武士五六千人,持兵戒严。"

这一时期,宫廷民间对饮食生活都非常讲究,当时的宴席发展也很快,形式有繁有简,格局不一。皇家朝臣时,酒有九种,除看盘、果子外,前后肴品竟达二十多种。到了南宋,筵席格局更加豪华。筵席的产生除去祭祀,古代礼俗也是筵席的成因。在国事方面,先秦有敬鬼神的"吉礼"、丧葬凶荒的凶礼、朝聘过从的写作礼、征讨不服的"军礼"以及婚嫁喜庆的"喜礼"等。在通常情况下,行礼必奏乐,乐起来摆宴,欢宴须饮酒,饮酒需备菜,备菜则成席,如果没有丰盛的肴馔款待嘉宾,便是礼节上的不恭。规模最大的是宋朝皇寿宴。

7.明清时期

明清时期,筵席日趋成熟,也发展到一个鼎盛时期。明朝,筵席名目繁多,形式多样,既有大型筵席,也有小型筵席,筵席的场面奢侈豪华,且讲究礼仪和气氛,音乐、舞蹈、戏曲、杂耍、弹唱均在筵席中有所体现。到了清朝,我国筵席发展到最高阶段,就其御膳房"光禄寺"而言,它在历代御用膳馔的基础上吸收了汉、蒙、回、藏各族食品之精华,成了一个综合大厨房,它举办的筵席请客称满洲席,也称满洲筵桌。这种筵席以满族点心为主,菜肴多用汉菜,每一等级都有一定的格式。后来,各式全席脱颖而出,制作工艺精美细致、烹饪原料无所不括、筵席气势雄伟宏大,以满汉全席、全羊席为代表,其他的如全龙席、全凤席、全虎席、全鱼席、全素席等。这一时期,西餐进入中国筵席。清代康乾盛世出现团桌,又称团圆桌。乾嘉后,酒楼饭馆逐步使用圆桌。古代筵席规格不一,等级有高低之分,规模有大小之别,大抵同与宴者身份地位有关。

明清时期筵席有三大特点：一是筵宴设计有了较固定的格局。酒水冷碟、热炒大菜、饭点茶果三个层次依序上席。由"头菜"决定筵席的档次和规格。二是筵宴用具和环境舒适、考究，设宴地点则常根据不同季节进行选择。最佳设宴地点：春天的柳台花谢、夏天的水边林间、秋天的晴窗高阁、冬天的温暖之室，目的是追求"开琼筵以坐花，飞羽觞而醉月"的情趣。三是筵宴品类、礼仪更加繁多。清宫廷改元建号有定鼎宴，过新年元日宴，庆胜利有凯旋宴，皇帝大婚有大婚宴，过生日有万寿宴，太后生日有圣寿宴，另有冬至宴、宗室宴、乡试宴、恩荣宴、千叟宴等，最有影响的是满汉全席，清中期有 110 种菜品，清末有 200 多种菜品。

8.近代

清朝被推翻后，民国时期由于战争频繁，筵席的发展"由繁趋简"，宫廷菜流传民间，市肆出现了仿膳菜、官府菜等。新中国成立后，由于当时经济不发达，筵席的发展也一度受阻。改革开放后，筵席的发展步入一个新的阶段，特别是高等学府、科研机构、学术团体的研究，以及各种大赛的举办、烹饪人才的大批培养，丰富了饮食内容，提高了筵席质量，筵席也得到了健康发展。

三、筵席的变化

筵席产生以后，好似黄河跃出龙门，一泻千里，景象万千，主要表现在席位、陈设、规模和食序方面。

1.从席位上看，它是不断递增的。先秦时期是一人一席，罗列几样菜品。蹲着或围坐就食，当时的餐具除个人专用的碗筷、勺、杯以外多为共用，其大小与组合，也是按一至三人进餐要求来设计。并且盘、盆的圈足与器座高度，正同席地而坐，或蹲着就餐的位置相适应，餐具装饰还有对称手法。从任何角度都可以欣赏，花纹带的位置也与视线平行。以后，座席变成座椅，低案改为高台，方桌扩成圆桌，碗碟替代鼎罐，为了便于攀谈叙话，祝酒布菜也为了充实席面和减少浪费，每桌坐客相应增加到三至六人。我们从《清明上河图》《水浒传》《金瓶梅》《儒林外史》等古书画中都不难看出从汉唐到明清的席位变化，清末民初宴客多用八仙桌，常坐四人至六人或七人（除了闹和亲匠，它似乎还与四喜四会，要得发不离不等吉祥有关）。新中国成立后圆桌用得较多，一般都坐十人，这又是十全十美，满堂红。近年来又出现十二人的筵席，至于国宴的主宾席，则可坐十六人至二十人，但在这种情况下，得配特制的大转台或组合式长台，而且台面中央常有花卉果品装饰，填充部分空间，席位变化对筵席格局有直接影响。

2.从陈设看，也是不断变化的。有些大筵席还附设专供观赏的酒席，或香盘，配置花蝶形屏拼,造型典型和工艺大菜,流光溢彩,富丽堂皇,这是通过陈设展观筵席规格和礼仪。

3.从规模上看,总趋势不断扩大。至清代发展到了顶峰,进入民国时期逐步缩减,现在稳定到一个较为合适的水平上,加之对筵席进行大胆改革,一方面减少数量缩短时间,另一方面改进工艺提高质量,做到精致典雅,形质并茂,确实表现出中国筵席的精粹,筵席的规模通常可反映出它的水平。

4.从食序上看,从古到今基本相同。都是一酒、二菜、三汤、四饭、五水果、荤素菜式的组合,过菜程序的编排以及进餐节奏的掌握,可谓变化万千,既有官场上的十六碟、四点心,也有民间的七蒸、九扣、十大件,有依据主要菜品而称的"烧烤席""燕菜席""鱼翅席""鱼唇席""海参席""三丝席""广肚席"等,也有以盘碗数量多少而为名的如"十六碟、不大不小;十二碟、六大六小","八碟、四小四大","十大件、八大吃、十六菜、八大碗"等。还有令人眼花缭乱的各式全席,各地名席,各种酒宴和四时菜单,其类别之多,拼配之巧,变化之奇完全可与乐曲、绘画建筑媲美。不论如何变,都要突出酒的地位,形成无酒不成席的传统,菜跟酒走被奉为筵席的"法规"。厨师应懂得酒在筵席中的妙用,安排菜点也总是围绕着酒做文章,先上冷碟是劝酒,次上热菜是佐酒。辅以甜食是解酒、醒酒,席间饮酒多,吃菜也多,调味一般偏淡,而且松脆香酥的菜肴与清淡的素食、汤品均占一定的比例。至于饭点更是少而精,仅仅起压酒的作用而已。中国名酒甚多,酿造方法和风味特别,因此筵席的吃法多种多样。再加上各地烹饪风味的差异,致使一个地方菜系往往成为一种筵席体系,即使是在第一菜系中,由于流派和帮口众多,筵席的款式也是色彩缤纷,凡此种种便构成中国筵席丰富多彩的鲜明特征。根据有关资料,我国现有菜肴有五万多种,其中名菜五千多种,历史名菜一千多种,点心一万多种,名点一千多种,历史名点两百多种。

第二节　筵席、宴席、宴会

筵席，泛称酒席，也通常叫"宴席"，是人们聚餐的方式之一，也可以说是一种特殊的聚餐方式。一般指宴会上一整套菜肴的席面。

宴席：指酒席、酒宴。有许多人出席，常常为宴请某人或为纪念某事而举行的酒席。一般来说，筵席是酒席开始前的称呼，酒席过程或结束后，称为宴席。习惯上，筵席和宴席是相通的，统称为筵席或宴席。

宴会：宴会又称燕会、筵宴、酒会，是因习俗或社交礼仪需要而举行的宴饮聚会，是社交与饮食结合的一种形式。宴：引申为宴乐、宴享；会：众人参加的宴饮活动。人们通过筵席，不仅可以获得饮食艺术的享受，而且还可增进人际间的交往。筵席上的一整套菜肴席面称为筵席，由于筵席是宴会的核心，因而人们习惯上常将这两个词视为同义词。

前面已经讲过，筵席和宴席有所不同。筵席主要指席桌上的酒菜配置，酒菜的上法、吃法、陈设等。古代吃饭是没有凳子的，全部是席地而坐。古人将铺在下面的大席子称为"筵"，将每人一座的小席子称为"席"，合起来就叫"筵席"。因此，筵席是酒宴时的座位和陈设。而宴席则不同，它是在筵席的基础上加上了礼仪程序。比如国宴就要有国家领导人及贵宾讲话、奏乐等；婚宴就要有父母讲话、新人拜天地。另外一种区别方法：宴席是有许多人出席，常常为宴请某人或为纪念某事而举行的酒席；换句话来说，当我们下请柬给客人时，应该写"筵席"，因为你准备了座位和陈设，而当客人来了后，则称为"宴席"或者"筵席"、"喜宴"等。也就是说，宴席开始前称作"筵席"，进行的过程中或者结束后，应该称为"宴席"。

筵席是酒宴时的座位和陈设；宴席是有许多人出席，常常为宴请某人或为纪念某事而举行的酒席；宴席菜肴丰盛，注重菜品内容及聚餐形式，场面礼仪及表演、音乐、灯光、礼仪等。

参加人数相对较少称为宴席，人数多、规模大的称为筵席。筵席以"桌"为单位，3桌以上才称为筵席，小型筵席（10桌以下），中型筵席（10～30桌），大型筵席（30桌以上）。

中国宴会较早的文字记载，见于《周易·需》中的"饮食宴乐"。随着菜肴品种不断丰富,宴饮形式向多样化发展,筵席名目也越来越多。合理美味的菜肴,热情周到的服务,恰当掌握筵席的时间,控制上菜节奏及热情的迎送工作是圆满完成一次佳宴必不可少的因素。从筵席的发展,可以看到国家在一定时期中经济、政治、文化的发展及民族烹饪技术发展的水平。

无论是宴席还是筵席,都注重席位安排。席位代表着就餐者的不同身份,即主宾、随从、陪客与主人,有时还表示客人的辈分或职位席位安排、场面不同注重席位座次安排。

筵席从其产生直至现代化的今天,已经经历了变革、创新、规范、再变革、再创新、再规范的演变和发展。

第三节　我国筵席的状况和发展对策

一、我国筵席的现状

中国筵席受传统文化的影响,其存在的形式和内容,经过不断的发展和改革,流传至今。在目前社会交往中,筵席起到了十分重要的作用。正是由于筵席的这种社交性,在筵席的制作和实际应用中,存在着许多不良弊端。近来国家出台了反对大吃大喝、杜绝铺张浪费等一系列政策,无疑对筵席的改革提出了新的、必然的要求。从目前筵席的状况来看,主要存在以下问题。

1. 追求排场、相互攀比,消费水平高

中国传统的筵席,为了显示主人的热情好客,往往安排了充足的菜点和隆重的场面,以显示主人的诚意和实力。在现代社会更是如此。筵席菜品不仅要丰盛,还要环境优雅,场面宏大,动辄一掷千金,显示主人的豪阔。如此一来,你比我好,我比你还好,相互攀比之风,愈演愈烈,也由此诞生了大量的装潢富丽堂皇、接待规格越来越高的酒店、会所。国家一再提倡厉行节约,反对浪费,这种不正之风,特别是公款消费,败坏了党风,带坏了社会风气。

2. 寻求奇珍异品,追求高档享受

人们在追求美食的同时,还在寻求奇珍异品,以满足有些人猎奇的嗜好。不少餐饮行业,为了追求经济利益,也在加工经营这些奇珍异品,有些是国家禁止捕猎的动物,甚至是濒于灭绝的动物品种。中国地大物博,烹饪原料来源广泛,天上飞的,地上跑的,水中游的,皆可作为食物来源,人们追求这种异样的食物,甚至不惜代价,破坏了生态环境。有些人片面追求高消费,除奇珍异品外,非燕鲍翅不食,这种追求高档消费无处不在。

3. 流于形式、缺乏灵魂,中看不中吃

在现代筵席的制作上,一些厨师片面追求筵席的某些方面,流于形式,中看不

中吃,忽略了筵席菜肴的灵魂——滋味。作为筵席,最根本的是作为食用,食用的最终目的是要对菜肴滋味的评价。特别是在一些高档宴席上,厨师花费了大量时间和精力,在雕刻、图案、装饰上下功夫,而对菜肴的滋味则不加重视。这种不正之风是筵席发展的极大阻碍。

4.重荤轻素、原料营养及工艺配伍不合理

重荤轻素、原料营养及工艺配伍不合理,是目前筵席最普遍的现象。一桌筵席,动物性原料往往占到80%以上,荤素搭配不合理,无疑在菜肴营养搭配上会出现营养搭配不到,出现偏差。动物脂肪和蛋白质摄入过高,维生素、无机盐、纤维素等摄入过少,从而影响到整个筵席的膳食结构。尤其是对一些肥胖症、心脏病、高血压、高血脂病人,更应该注意。

5.菜品数量多、浪费严重

菜品数量多,显示主人的诚意,菜肴数量少,吃得很光,显示主人小气。但在现代社会,酒店中筵席菜品是由厨师来制订的,有些筵席的菜品多达二三十道,有不少菜品在筵席结束后几乎未动,而这些菜品又不能回收,只能作为食品垃圾倒掉。特别是一些公款吃喝、消费档次较高的筵席,浪费现象十分严重。这种铺张浪费、顾及排场、讲究脸面的形式,已经形成一种恶习。

6.操作工艺不规范、上菜顺序混乱

操作工艺不规范,不能科学规范地按照筵席的规律来操作。具体体现在:选料不广泛;调味单一;烹调方法重复;色彩搭配不合理;大件热炒混淆不清;内容比例分配失调等。特别是在上菜顺序上,不能按照先咸后甜、干湿结合、时间间隔协调一致等要求去做,有时菜肴一窝蜂拥上,满桌子琳琅满目。这些不规范的行为,一方面反映了厨师技术水平不全面,缺乏科学的筵席制作方法;另一方面也反映了餐饮行业的一些不规范行为。

7.喧宾夺主、比例失调

筵席的组成主要有冷菜、热炒、大件、点心、水果、汤、主食等。有些筵席的冷菜质和量超过热菜,有些热炒大件混淆不清,大件不大,热炒不小,喧宾夺主,主次不分。特别是在一些装饰点缀上,装饰点缀物品太多,超过菜肴的数量,影响了人们对菜肴的感觉。现代好多筵席追求奇异餐具,适量使用会起到一定效果,使用过多则会适得其反。

8.就餐形式不合理

餐厅属于公共场所,我国传统的筵席是围桌就餐,众人共食一道菜,甚至互相夹菜相让。公筷公勺作用不大,不像西餐中的分餐制,因而难免会出现不卫生状况,造成一些传染病的传播,不少传染病的传染源就在筵席上。

9.加工烹调过程安全卫生监督不够

筵席在加工过程中,由于烹饪专业手工操作性较强这种特殊性,因此,在原料的采购、保管、加工、烹调等环节缺乏科学的卫生监督。特别是在现代社会,人们为了追求感官和色彩上的享受,大量使用各种添加剂,有些原料在养殖或种植的过程中,也大量使用国家禁止的各种育肥、增色的饲料,各种添加剂、农药在原料中比比皆是。这种现象已严重威胁到人们的人身安全。

10.新工艺不断出现,传统工艺面临流失的境地

随着科学技术的发展,机械化操作在烹饪工艺中逐步普及,专业性的分工越来越细,市场上出现了很多的单项加工业务。酒店采购原料,大多已成为成品或半成品。许多传统的初加工技术,大多数厨师,特别是年轻厨师都不会操作,如有些原料的干货涨发、杀鸡、挤虾仁等,这些传统工艺已面临流失的境地。

二、筵席的发展趋势

筵席改革是筵席发展过程中的必然趋势。筵席从其产生直至现代化的今天,已经经历了变革、创新、规范、再变革、再创新、再规范的演变和发展。21世纪的今天,是加快改革、扩大开放、加速经济发展、开拓前进的时代,这也必然冲击着生活领域要改革,筵席也要改革,那些陈旧的传统观念和不科学、不合理的生活方式都要进行革新。从人类饮食文明的发展轨迹来看,当人类已完全解决温饱和达到"小康"生活水平后,饮食的质量不再是权力、地位、金钱的象征。饮食的功能应回到其本来的轨道,其社会功能应是人类生存、繁衍、发展的需要,其个体功能是人们保健、社交、娱乐的需要。这对提高人民的身体素质,使之有更加充沛的精力,去从事社会主义物质文明和精神文明建设,具有十分重要的战略意义。

1.营养化

今后,营养科学会更多地被引入烹饪领域,筵席的饮食结构向营养化发展,更趋合理、科学,绿色食品会越来越多地在筵席餐桌上出现(如2001年在上海举办的APEC会议,其蔬菜及畜禽肉类一律选用绿色食品,餐桌上没有野生动物)。暴饮、

暴食、酗酒、斗酒这类不文明的饮食行为会被人们逐渐认识其危害性而舍弃。筵席的营养化趋势具体表现形式主要是根据国际、国内的科学饮食标准设计筵席菜肴，提倡根据就餐人数实际需要来设计筵席，要求用料广博，荤素调剂，营养配伍全面，菜点组合科学。在原料的选用、食品的配置、筵席的规格上，都要符合平衡膳食的要求。

筵席的卫生趋势主要由集餐趋向分餐。许多饭店已注意到这方面问题，采用"各客式""自选式""分食制"，许多高档筵席的上菜基本都是分餐各客制，既卫生又高雅。

2. 节俭化

筵席反映一个民族的文化素质，量力而行的筵席新风会被更多的社会各阶层人士所接受、提倡以至蔚然成风。上万元一桌的"豪门宴"，菜肴中包金镶银的奢靡之风乃至捕杀国家明令禁止的野生动物的违法行为会得到有效的遏制。奢侈将成为历史，提供"物有所值"的筵席产品是未来的主流。讲排场、摆阔气、相互攀比的"高消费"不正之风会随着社会主义"双文明"建设的发展而逐步消亡。

筵席的精致化趋势是指菜点的数量与质量。新式筵席设计要讲究实惠，力戒追求排场。既应适当控制菜点的数量与用量，防止堆盘叠碗的现象，又需改进烹调技艺，使菜肴精益求精，重视口味与质地，避免粗制滥造。

3. 多样化

所谓多样化，即筵席的形式会因人、因时、因地而宜，显现需求的多样化，而筵席因适合这种需求而出现各种的形式。

特色化趋势是筵席有地方风情和民族特色，即能反映某酒店、地区、城市、国家、民族所具有的地域、文化、民族特色，使筵席呈现精彩纷呈、百花齐放的局面。如对待外地宾客，在兼顾其口味嗜好的同时，适当安排本地名菜，发挥烹调技术专长，显示独特风韵，以达到出奇制胜的效果。

4. 美境化

筵席的美境化趋势主要是指设宴处的外观环境和室内环境布置两个方面。人们特别关注室内环境的布置美，关心筵席的意境和气氛是否符合筵席的主题。诸如筵席厅的选用，场面气氛的控制，时间节奏的掌握，空间布局的安排，餐桌的摆放，台面的布置，台花的设计，环境的装点，服务员的服饰，餐具的配套，菜肴的搭配等都要紧紧围绕筵席主题来进行，力求创造理想的筵席艺术境界，给宾客以美的艺术享受。

筵席的食趣化趋势是注重礼仪,强化筵席情趣,提高服务质量,体现中华民族饮食文化的风采,能够陶冶情操,净化心灵。如进食时播放音乐,有时也观看舞蹈表演或跳舞,盛大筵席有时还边吃边喝、边看歌舞表演节目。音乐、舞蹈、绘画等艺术形式都将成为现代筵席乃至未来筵席不可缺少的重要部分。

5.快速化

快速化,即筵席所使用的原料或某些菜肴,会更多地采用集约化生产方式,半成品乃至成品会出现在筵席的餐桌上。

自然化,即筵席的地点、场所会进一步向大自然靠拢,举办的场所可能会选择在室外的湖边、草地上、树林里。即使在室内,也要求布置更多的绿叶、花卉来体现自然环境,让人们感受大自然的美好,满足人们对回归自然的渴望。

饮食文化的国际交流给中国饮食文化的发展带来新的活力。筵席的国际化,即筵席的形式会更向国际标准靠拢,同国际水平接轨,这是改革开放、东西方烹饪文化交流的必然结果,也是迎合各国旅游者、商务客户需要的市场自然选择。

总之,热情好客必将被态度诚恳、彬彬有礼所代替,而强调进餐环境、筵席气氛和服务水准,更加节俭、文明、实效、典雅的新型筵席观念将会成为社会发展趋势。

三、筵席的发展对策

随着社会经济的发展,人们生活水平的提高,筵席也在不断发展壮大中,针对筵席的目前状况,就是要去除弊端,提倡良好的筵席形式,去除不合理、不科学、不规范以及不符合时代要求和人们审美艺术的东西,在继承中创新,在改革中发展,弃其糟粕,取其精华。由于筵席是一种社会商品,要满足一般社会商品的一般属性,要理性地按照社会商品的一般规律来经营,要本着继承、发扬、开拓、创新的原则,正确处理好继承与创新、普及与提高的关系,满足消费者对筵席的需要,要让筵席富有时代特点,符合时代要求,正确处理好市场与消费者之间的关系,维护消费者利益。筵席的改革发展具体从以下几个方面入手。

1.改革筵席陋习,提倡勤俭节约新风尚

筵席的改革发展,首先要去掉筵席的陋习,特别是铺张浪费现象,要提倡勤俭节约的新风尚,杜绝公款大吃大喝、追求高档享受、讲究排场的行为。国家于2013年出台了禁止公款大吃大喝、杜绝浪费等措施,有力地保证了筵席的健康发展。

2.创新筵席发展,顺应时代发展新潮流

要创新筵席的发展思路,就要在我国传统筵席的基础上,弃其糟粕,取其精华,

要借鉴国外筵席健康的元素,与我国的筵席有机结合,创新出适合我国国情、具有中国特色的筵席,使筵席的发展顺应时代的发展。

3.科学、规范、合理,保证人民的身体健康

在筵席的设计和制作中,要科学、规范、合理地选用原料,采用适宜的烹饪工艺,尽可能地使筵席的食物结构合理,营养搭配全面,尽可能地保证食物的营养成分。要根据不同人群的需要来设计和制作筵席,保证人民的身体健康。

4.精益求精,达到至善至美的新境界

在筵席的设计和制作中,要精益求精,不可粗制滥做,不可喧宾夺主,要追求筵席的内涵所在,筵席菜品要精而新。要不断采用新原料、新工艺、新调味,精心制作,不断创新,才能使筵席达到至善至美的新境界。

5.因人因地,形成风格迥异的新局面

在筵席的设计和制作中,要因人因地。我国地大物博,各地风俗习惯千变万化,地方特色浓厚,不同主题特色的筵席,风格不同。因此,要因人、因地、因时、因事,来设计和制作,要吸收不同特色的筵席风格,要突出筵席特色,从而形成风格迥异的筵席新局面。

6.提高安全意识,禁止使用各种有毒有害食料

要提高食品安全意识,不加工各种含有对人体健康有害的原料,不加工国家保护的动物。筵席制作中,不使用对人体有害的各种添加剂和物品,养成良好的食品安全卫生习惯。

第 二 章

筵席的特征、分类及要求

第二章　筵席的特征、分类及要求

第一节　筵席的特点与作用

筵席是多人聚餐的一种形式,它是社会交往的需要,也是按一定的规格和礼仪精心编排的一整套酒水、菜点、服务等为内容的组合。这些组合的品种,因筵席的档次和种类不同,其质量和数量又都有严格的要求。从形式上看,是多人聚餐的一种形式;从内容上看,是酒水、菜点的组合;从目的上看,是带有着鲜明的目的性;从作用上看,是社会交往的需要;从礼仪上看,是社会文明的体现;从意义上看,是社会进步的体现。它不仅荟萃了各种名菜,而且继承发展了"礼"的套数。总之,筵席已成为社会盛会中不可缺少的一个方面。

一、筵席的特点

1. 筵席是人们聚与餐的有机结合

"聚"是人们不可缺少的一种社会活动,"餐"是人们生活中不可缺少的物质条件,而筵席是这种"聚"与"餐"的有机结合,在"聚"的同时,采用"餐"的形式;在"餐"的同时,进行了正常的交流活动,正说明了筵席是社会交往的一种活动,是人们交往和交流的需要,既有随意,也有庄重。

中国宴席历来是在多人围坐、亲密交谈的欢乐气氛中进餐的。它习惯于8人、10人,或者12人一桌,其中以10人一桌的形式为主,因为这象征着"十全十美"的吉祥寓意。至于桌面,通常以大圆桌居多,这又意味着"团团圆圆""和和美美"。赴宴者通常由4种身份的人组成,即主宾、随从、陪客和主人。其中,主宾是宴席的中心人物,在最显要的位置,宴席中的一切活动需围绕他而进行;由于是隆重聚会,"礼食"氛围浓郁,有一股热烈的亲情,能很快缩短宾主间的距离,做到"宾至如归"。传统宴席一般不搞分餐制,但是随着社会的发展,人们在饮食卫生知识不断丰富的基础上,分餐制的出现是势在必行的,但不管如何变化,宴席始终会在欢乐愉快的气氛中进行。

2. 筵席具有一定的规格

古语"无礼不成席",说明了礼仪、礼节在筵席中的重要性。因此了解和掌握筵席的规格和礼仪是筵席中非常重的环节,特别是从事餐饮行业的人员,在筵席的准备工作中,一定要掌握好。

宴席之所以不同于便餐,还在于它的档次和规格。不同的筵席,由于其规格和档次的不同,其内容也不一,规格高的,其内容也就越丰富,酒水的配置、菜点的组合、服务的质量也就越高。上至国宴,下至便餐,其规格的要求不尽相同,它要求全桌菜品配套,应时当令,制作精美,调配均衡,食具雅丽,仪程井然,服务周到热情。冷碟、热炒、大菜、甜品、汤品、饭菜、点心、茶酒、水果、蜜饯等,均按一定质量和比例,分类组合,前后衔接,依次推进,宛如一个严整的军阵。与此同时,在宴席场景的装饰上,在宴席节奏的掌握上,在接待人员的选用上,在服务程序的配合上都有严格的规格。不论哪种规格都要使宴席始终保持祥和、欢快、轻松的旋律,给人以美的享受。

3.筵席具有一定的目的性

不同的筵席,其目的不同。有的是迎来送往;有的是婚丧嫁娶;有的是乔迁高升;有的是庆祝庆典等,大家聚在一起,具有鲜明的目的性。这种目的性,都带有一定的主题,因此筵席的内容要与主题相衔接,要突出主题,如婚宴要突出喜庆、丧宴要突出悲伤,不能混淆,否则会适得其反。

4.筵席具有一定的社交性

筵席既可以怡神甘口,强身健体,满足口腹之欲,又能够启迪思维,陶冶情操,给人以精神上的欢愉。尤其在社会交际方面也显示了它的重要作用,可以聚会宾朋,敦亲睦谊;可以纪念节日,欢庆盛典;可以洽谈事务,开展公关;可以活跃市场,繁荣经济。所以《礼记》有云:"酒食所以合欢也。"筵席能拉动人与人之间的感情交流。通过筵席,人们不仅可以达到生理上的满足,还可以达到精神上的享受,这种精神上的享受不仅来源于筵席的环境和内容,更重要的是来自人与人之间的感情交流。通过筵席,能加深人们之间的相互了解,增进友谊和团结,保持一种良好的人际关系。实际上,人们也常在品尝佳肴饮琼浆、促膝谈心交朋友的过程中,疏通关系,增进了解,加深情谊,解决一些场合不容易解决的问题,从而实现社交的目的。这也正是宴席普遍受到重视,并被广为利用的主要原因。像公关酒会、人情酒席、商务聚会、筵席外交等之名,均由此而来。

5.筵席具有一定的礼仪性

中国宴席又是礼席、仪席。我国自古以来注重礼仪,世代传承。因为"夫礼之初,始诸饮食"。还由于礼俗是中国宴席的重要成因,通过宴席可以达到宣扬教化、陶冶性情的目的。古代许多大宴,都有钟鼓奏乐、诗歌答奉、仕女献舞和艺人助兴,这均是礼的表示,是对客人的尊重。现代宴席在继承过程中仍保留了许多健康、合理的礼节与仪式。如:发送请柬,车马迎宾,门前恭候,问安致意,献烟敬茶,专人陪伴;入席彼此让座,斟酒杯盏高举,布菜"请"自当先,退席"谢"字出口;还有仪容的修饰,衣冠的整洁,表情的谦恭,谈吐的文雅,气氛的融洽,相处的真诚;以及餐室的布置,台面的点缀,上菜的顺序,菜品的命名;还有嘘寒问暖,尊老爱幼,优待女士,照顾伤残等等都是礼仪的表现。此外,对于一些重大的宴席还要必须尊重主宾所在国家或民族的风俗习惯及宗教感情,可见宴席中的礼仪十分重要。这是中国宴席的"文化包装",它体现了一个国家和民族的传统美德。

6.筵席具有一定的艺术性

宴席的艺术性体现在多个方面,其中有席单的设计艺术、菜肴在组配方面的艺术性、原料加工的艺术性、色调协调与搭配艺术、盛器与菜肴形色的配合艺术、冷拼雕刻的造型与装饰艺术、餐室美化和台面点缀艺术、服务的语言艺术技巧、着装艺术等多个方面的内容。

古往今来,我国宴席场面典雅而隆重,菜品丰富而精美,充分体现了中国饮食的博大精深。它作为礼俗世代传承,并形成一套传统规范,成为了中华文化的重要组成部分。

二、筵席的作用

1.筵席的内容,能体现社会的经济发展水平

筵席的内容,是社会经济发展水平的集中体现。从筵席内容中酒水的配置、菜点的组合、原料的选用以及服务的特色等,反映出社会经济的发展程度。经济越发达,其筵席的内容越丰富。经济是物质的基础,经济发展了,人们的生活水平提高了,筵席的内容也就提高了。

2.筵席的礼仪、礼节,能体现社会文明的发展

社会的文明程度,在筵席中也有体现。礼节礼仪存在于筵席的各个环节,"无礼不成席"自古有之,是社会进步的体现。筵席中的礼仪、礼节,集中体现了社会的文明发展、社会的和谐,体现了人们在社会生活中文明素质,增强了人们的文化素质修养。

3.筵席的目的,能体现社会活动的丰富多彩

不同主题、不同规格、不同形式的筵席,其表达的目的不同,但通过筵席这一形

式表现出来,体现了筵席在社会生活中重要性。也说明了筵席是为了达到某种目的而进行的一种活动。筵席的多种形式,说明了社会活动的丰富多彩;丰富多彩的社会活动,也推动了筵席多样性。

4.筵席的社交性,能体现社会交往的需要

筵席是社会交往的重要物质条件,是人们社会交往的媒介。随着国家与国家之间、企业与企业之间以及社会各阶层人们交往的频繁,通过筵席,达到相互认识、相互了解,增进了团结,增进了友谊,增进了社会的和谐。

5.筵席的风格,能体现某一地区或民族的饮食风貌、风土人情

筵席的原料选用、菜点的搭配、服务的特色等都具有一定的地方风格,不同区域的筵席风格由于饮食习惯、风土人情、物产特色、宗教信仰等的不同而不同。因此,通过筵席的风格,能体现一个地区的饮食风貌、风土人情。

三、学习筵席设计与制作的意义

筵席设计与制作是一门应用学科,是理论和实践有机结合的产物,其主要意义在于:

1.学习筵席设计与制作有助于设计和制作者树立科学的设计观

筵席设计先于筵席制作,直接关系到筵席的效果,因此,筵席的设计至关重要。设计人员要有丰富的专业知识,增强责任感,提高自我意识,认识到筵席设计的重要性。树立科学的设计观,自觉抵制不科学、不健康、不文明的筵席糟粕,要有科学的创新意识,让科学的要求体现在具体的筵席设计中。

2.学习筵席设计与制作有助于提高设计者和制作者的能力水平和全面素质

在餐饮经营活动中,菜品的制作要求固然重要,但如何把零散的单个菜品,通过创意设计组合成筵席,并且符合工艺的、营养的、卫生的、美学的要求,要符合筵席的程序,就要知道筵席中的注意事项。这些都是关系到设计与制作者的能力结构和综合素质。学习筵席设计与制作有助于完善设计与制作者的知识体系,改变其知识结构,提高其能力水平,同时提高其综合全面素质。

3.学习筵席设计与制作有助于提高企业的经营效益

在餐饮经营活动中,学习筵席设计与制作有助于餐饮企业不断变化新品种,给

消费者一新鲜感,同时设计与制作的筵席也在经营活动中得到不断改善和提高,赢得顾客满意,提高了企业的经营效益。

四、筵席设计与制作的方法

理论联系实际的原则对筵席的设计与制作尤其重要。设计的目的是制作,制作的效果为设计提供了信息来源,科学的方法,会使筵席设计与制作达到理想的效果。

1.结构分析法

筵席结构是筵席的存在形式。结构分析法就是对筵席组成部分之间在时间和空间上的有机联系与相互作用的方式或程序的具体分析。要辨析筵席稳定性状态和可变性特征,稳定性状态就是一种持续和保持的整体状态,其各组成部分、排列方式保持相对稳定;可变性特征就是在与外界的相互作用中,组成的位置和组成部分也处于变动之中。因此,对筵席的结构进行分析,有助于提高筵席的设计和制作能力。

2.比较法

比较法就是对两种或两种以上的筵席进行辨别异同的研究方法。在应用比较法时,要分清筵席的性质、主题、时间、场合、规格档次等,不同要求的筵席,在比较的内容上也不一样,容易出现误差。因此,要弄清比较的内容,共性和个性的差异所在,利用比较法,在筵席设计时,可以取其之长,补己之短,借鉴优势,有利于自己的创新发挥。

3.调查法

调查法是通过直接或间接的方式了解人们对筵席的需求和看法。由于筵席的多样性,人们的要求也是五花八门,因此在筵席设计前要了解情况,掌握顾客对筵席有什么要求,可以采取当面询问、发放问卷,或请进来、走出去等方式。同时,要对得来的信息进行归类、梳理分析、筛选,以便及时了解筵席的目的要求,对顾客的意见中可能遇到的问题,要有预见性。因此,调查法对筵席的设计提供了基础保障。

4.经验总结法

从事筵席设计与制作的工作者,在长期的工作中,积累了丰富的设计经验,很多设计者往往根据自己的经验进行设计,这些经验为筵席的设计提供了设计基础。

因此，在筵席的设计中，既要根据自己以往的经验，还要借鉴别人的经验，要把经验总结上升到一定的理论层面，提炼经验中的精华。从经验中寻找规律，在以往经验的基础上，才能发挥自己的聪明才智，设计出更好的筵席。

5.模拟设计法

模拟设计法是按照真实的筵席性质，有目的地构造设计筵席的对象和设计的一系列目标要求，运用已掌握的设计知识进行设计的方法，类似于真实的设计。在应用模拟设计法时，要对假设对象的仿真性、正确性、完备性和多种要求有全面的认识，不能被简单化，也不能完全按照真实的情况来设计，这种方法主要是针对初学者的学习提供帮助。

以上是筵席设计的几种方法。这些方法各有其优缺点，在具体应用中，应区别对待，合理应用，才能使筵席设计的工作做得更好。

第二节　筵席的分类和种类

中国的筵席品种繁多,不同时期、不同区域的筵席又各具特点。筵席由于受到时代经济的发展、各民族地区饮食习惯的差异、不同等级不同人群的消费水平以及筵席制作过程中的要求等因素的影响,筵席的种类也出现了丰富多彩的变化。因此,筵席的分类对于制作者来讲,显得尤其重要。根据不同的分类标准,筵席的分类主要有以下几种。

一、按筵席的规格和档次划分

按筵席的规格和档次可分为:普通筵席、中档筵席、高档筵席、特等筵席四个等级。不同的等级主要看原料的高低、菜点的质量、制作工艺的精细程度以及设备、器具、环境、服务等。

普通筵席又称为一般筵席、大众筵席,包括一般的便宴和套菜。一般以普通的家畜、家禽、水产及蔬果为主要原料,经济实惠,制作方便,变化灵活,也有的以适量的较为高档的原料做头菜。

中档筵席是以较高档的原料作为主要原料,山珍海味占筵席的五分之一左右,如海参、鱼皮、蹄筋等,穿插一些地方菜和一些传统菜。比较讲究席面的布局,大方实惠,注重菜点的装饰和餐具的应用,也注重服务和就餐的环境。常用于一般的公关、庆典、迎来送往等场面。

高档筵席多采用高档的原料,特别是优质的动物性原料,辅以优质的植物性原料,山珍海味、名优特产、稀有原料占据整个席面,如鱼翅、鲍鱼、鹿筋、哈什蚂、驼峰等,货真价值。菜肴制作讲究工艺造型和装饰点缀,具有较高的艺术欣赏价值。环境优雅,服务精细,餐具华贵,礼仪隆重,具有一定的文化气息。常用于接待贵宾、外宾等场面。

特等筵席以山珍海味、名优特产中的精品为主要原料,以知名菜点和创新菜点为主。菜肴制作技术难度高,工艺性强,具有很强的艺术欣赏价值。环境雍容华贵,服务精细独特,配以金银玉器为餐具用具,特别注重礼节礼仪。常用于重要的贵宾或是客人提出的特殊要求。

二、按筵席的菜式划分

按筵席的菜式划分可分为中式筵席和西式筵席两大种类。

中式筵席就是使用中国餐具，食用中国菜肴，采用中式服务，具有中国特色的整套筵席规格。

西式筵席就是使用西式餐具，食用西式菜肴，采用西式服务，具有西式特色的整套筵席规格。西式筵席又可分为法式筵席、俄式筵席、日式筵席和美式筵席等。

三、按地方风味划分

按地方风味划分可分为鲁式筵席、川式筵席、粤式筵席、苏式筵席等。由于不同的地区不同民族的饮食风俗不同，其筵席的风味特征也不同。不同区域的筵席风味区别明显，主要区别在地方菜式、地方独特的烹饪技艺、地方的独特调味以及地方的饮食风俗习惯等环节上。甚至在同一区域，在某些特征上也会有一定的区别。

四、按头菜划分

按头菜划分可分为鱼翅席、海参席、燕菜席等。头菜是筵席中的第一道热菜，也是筵席中最好的一道菜。此菜档次的高低，基本上代表着筵席档次的高低。头菜的原料是最好的品种，加工较为精细，要求色香味形俱佳。在过去的筵席分类中，这种叫法比较普遍。

五、按菜品数目划分

按菜品数目划分可分为三四席、四六席、六六大顺席、九九长寿席、八八席、七星席、四热炒、六大件、十大碗等。这种分类方法，在过去的筵席分类中也是比较普遍的，主要是从菜品的数量上来规定筵席的规格，用菜品数量来称呼筵席，一目了然，方便直接。菜品的品种可以随意搭配，只是具体的数量有规定而已。但有些约定成俗的菜品是必需的，一般不轻易改动。

六、按主要用料划分

按主要用料划分可分为全龙席、全凤席、全虎席、全羊席、全鱼席、全鳝席、全藕席等。按这种方法划分的全席，是指全部筵席菜肴的原料只取一种，利用原料的不同部位，加以不同的刀法处理，辅以不同的配料，采用不同的烹饪技法，配以不同的调味，形成不同的风味。用这些不同风味的菜肴组合成一整套筵席，要求有丰富的烹饪理论和高超的操作技能，菜肴变化不拘一格，要有一定的创新意识，才能创造出独具一格的菜肴。

七、按时令季节划分

按时令季节划分可分为除夕宴、端午宴、中秋宴、重阳宴、春季筵席、夏季筵席、秋季筵席、冬季筵席等。不同的季节及不同的节日，筵席的内容也不同，由于各地的风俗习惯不同，其节日也往往带有浓厚的地方色彩。按时令季节划分的筵席，一般以时令原料品种为主，讲究菜肴的时令性和独特性，菜肴新颖，给人以耳目一新的感觉，达到一种精神上的享受。

八、按办宴目的划分

按办宴目的划分可分为结婚宴、祝寿宴、乔迁宴、谢师宴、满月宴、庆功宴、团圆宴等。这类筵席主要带有一定的目的，除丧宴外，在内容上大多以喜庆、轻松、愉悦、热烈为主，菜品数量一般是喜事成双、丧事排单，菜肴命名也是吉祥如意，寓意深刻，桌数一般较多，菜品组合丰富，较为经济实惠，能满足人们情感上和心理上的需要。

九、按主宾身份划分

按主宾身份划分可分为国宴、外宾筵席、民族领袖筵席、社会名流筵席等。这类筵席典雅隆重，讲究形式和礼仪，菜肴制作精细，要求高，制作大，工艺较为复杂。讲究造型，原料取用范围广，精品中的精品，环境及服务等配套过程要求高，带有一定的政治色彩，注重礼节礼仪、宗教信仰、饮食习惯、饮食禁忌等。

十、按人名划分

按人名划分可分为孔府家宴、北京谭家宴、大千宴、东坡宴等。以人名来命名筵席，特别是名人，是对这个人物在饮食方面的纪念，主要以名人习惯的饮食爱好和喜食菜点组合而成，特色比较鲜明。在某些菜肴制作方面有擅长，有别于社会筵席，菜肴制作精细，口味口感醇正，讲究原料的选用。

十一、按处所划分

按处所划分可分为车宴、船宴、野宴、游宴、醉翁亭宴等。这种划分是以宴饮的处所环境来确定的，这种筵席的内容比较简单，菜点数量不定，人数不定，随意性较强。有些菜肴时令性较强，主要是要求一个环境氛围，景助酒兴，酒助人兴。

十二、按名著划分

按名著划分可分为红楼宴、水浒宴等。这类筵席主要是以名著为基础，按照名著中筵席或名著中的菜点加以仿制或组合，这类筵席和菜肴一般来讲，都是当时那个年代有代表性的。这类筵席一般要求就餐环境、餐具用具、服务方式、人员服饰、上菜顺序、原料选用、工艺流程、风味特点等内容尽可能地与当时相吻合。但毕竟时过境迁，有些方面已经失传或不存在了，这就需要进行挖掘和整理，因此现在制作出的筵席，大多为仿制。

十三、按仿制年代划分

按仿制年代划分可分为仿唐宴、仿宋宴等。这类筵席也称为仿古宴，某一时代命名的仿古宴，主要是根据历史上不同朝代筵席的规格礼仪，经过对筵席内容的挖掘和整理，设计出来的。在菜品数量、菜点组合、上菜顺序、风味特点更接近于现代的习惯。这类筵席要经过多次试制，筵席中各个环节的组合十分重要，尽可能恢复当时宴饮的场面和内容。

除上述分类外，还有按风景胜迹划分可分为长安八景宴、洞庭君山宴、西湖十景宴等；按文化名城划分可分为开封宋菜席、洛阳水席、成都田席；按名特原料划分可分为长白山珍宴、黄河金鲤宴、广州三蛇席、昆明鸡棕席等；按八珍划分可分为山八珍席、水八珍席、禽八珍席、草八珍席；按彩蝶划分可分为喜庆宫灯席、金杯闪光席、龙凤呈祥席；按少数民族划分可分为蒙古族全羊宴、朝鲜族狗肉宴、赫哲族鳇鱼宴等；按宗教信仰划分可分为道家素席和佛家素席；按烹调方法划分可分为烧烤席、火锅席等。

第三节　筵席的基本要求

筵席的种类繁多,内容丰富,不同的环节其要求也不一样。要完成一桌完善的筵席,就要注意不同环节的巧妙配合,内容搭配组织合理。其基本要求包括以下几个方面。

一、明确筵席主题目的

筵席都具有一定的目的性,只有明确主题,才能合理安排筵席,要根据筵席的规格要求,设计出符合主题的筵席环境,筵席菜肴以及其他方面的要求。如婚宴,要求有个喜庆的氛围,菜肴要求红色喜庆,吉祥如意;寿宴,菜点要突出长寿的寓意来表达主题;全席要突出原料为主题,要突出原料的特征;景宴要突出景宴的特点;风味筵席要突出风味特色;时令筵席要突出时令的节奏;仿宴要突出时代特征等。筵席的主题目的不明确,会使筵席的组织安排不合理,从而达不到应有的目的。

二、合理选用原料

筵席制作中对原料的选用要有一定的合理性,除全席外,要尽可能地选用不同类别的原料,畜兽、禽类、水产、蔬果等尽可能地面面俱到。原料的选用要尽可能地符合新鲜、营养的要求,时令性和地域性要突出,要结合食者的特征选用原料,这样才能使筵席的风格突出。同时要结合筵席的规格来选用原料,规格越高,选用的原料档次越高。

三、加工制作工艺多样

筵席的制作工艺是以筵席的规模档次而定的。一般来讲,档次越高,制作工艺越复杂。一个完整的筵席,加工工艺要全面,原料刀工处理后形状丁、条、丝、片、蓉等要合理;烹调方法煎、熘、爆、炒、炸等方法要全面;工艺造型要兼顾恰当,良好的工艺造型菜肴,配以各式造型的餐具,能提高筵席的艺术水平,提高筵席的档次,体现制作者高超的技艺,能给食者留下深刻的印象。

四、味型调制变化多端

百菜百味是中国烹饪的重要特征之一。筵席中菜肴的味型是筵席的灵魂。无论筵席原料的档次多高,品种多好,菜肴造型多么美观,器皿多么华丽,但食之无味,均为失败之作。作为一桌完整成功的筵席,菜肴的味型要全面,特别是要根据食者的口味来确定筵席的口味,不能千篇一律一个口味,或口味比较单一,甜咸酸辣得当,各种味型均要兼顾。还要熟悉新型调味品的运用,要善于创造新颖的口味。

五、色彩搭配丰富诱人

筵席中菜肴色彩的搭配非常重要。菜肴的颜色是给人的记忆感觉,愉悦的色彩能诱人食欲,厌恶的色彩令人反感。菜肴的颜色主要有三个方面:一是原料的本色;二是调味品的调色;三是食用色素的使用。筵席中菜肴颜色的搭配力求全面合理,色彩鲜艳,诱人食欲,包括菜肴之间颜色的搭配,菜肴主辅料的搭配,菜肴的摆放尽可能地要有反差,不宜顺色。

六、菜肴数量组合恰当

菜肴的数量有两层含义:一是整桌菜肴菜品的数量,二是单份菜肴的数量大小。筵席菜肴的数量要恰到好处,既要食者吃饱吃好,又不能造成浪费。一桌筵席的客人一般10~12人,宴席菜肴的安排,要根据客人的数量,精心组合。有的数量要足,有的每客一品,因此,筵席菜肴数量的控制非常重要。

七、服务周到细致

筵席的服务是筵席的一个环节,服务的好坏,直接影响到客人的心情,良好的服务,能给客人愉悦的感觉,给客人留下深刻的印象,也能弥补筵席中的不足。不同形式的筵席,有些服务的要求不同,但在服务的过程要满足客人的需要,要有一定的服务意识和服务知识。

八、环境优雅舒适

筵席的环境视筵席的规格和筵席的要求而定,不同目的、不同规格的筵席,环境的要求也不同。如:婚宴,要求环境张灯结彩,体现喜庆的气氛;国宴,环境要求大方隆重;仿古宴,环境要求古典优雅,有时代气息;少数民族筵,环境要有少数民族的特征;车筵、船筵、亭筵等环境要求则以自然风光为主等。有些筵席,环境要求富丽堂皇;有些筵席,环境则要求简易方便。

九、注意饮食禁忌

筵席的菜肴、筵席的摆设、筵席的服务过程等还要注意就餐者的饮食习惯、风土人情、宗教信仰等,如回族人不食猪肉;印度人把牛当作神来敬养,不能用左手递东西;日本人不喜欢紫色,忌讳绿色,忌讳荷花;法国人忌吃狗肉等。因此,筵席安排前了解客人的饮食爱好和饮食禁忌非常重要。

十、运用成本核算

筵席的制作很大程度上要考虑筵席的成本核算问题,特别是经营性的饮食企业,更要掌握饮食的成本核算。要根据筵席的定价来确定筵席的成本,确定毛利。不同规格的筵席,其成本控制的目标也不同。一般来讲,高档筵席的毛利率较高,低档筵席的毛利率稍低。

第 三 章

—— 筵席的菜单 ——

第一节　筵席菜单的概念和种类

一、筵席菜单的概念

筵席菜单,即筵席菜谱,是指按照宴席的结构和要求,将酒水冷碟、热炒大菜、饭点蜜果三组食品按一定比例和顺序编成的菜点清单。

菜单一词来源于拉丁语"minutus",意为备忘录,本来是厨师为了备忘而记录的单子,现在人们把菜单解释为餐饮企业提供视频和饮料的单子。菜单在餐饮企业经营中起着非常重要的作用,是餐饮业经营活动的手段,也是餐饮经营者经营思想和管理手段的体现。随着社会经济的发展和餐饮业的不断发展壮大,菜单的作用尤显重要,它不再是一张简单的餐饮产品目录,更是企业的形象标志。

菜单的基本功能是向消费者提供筵席菜品的信息,对消费者而言,菜单上所列的菜品,就是消费者要食用和选择菜品的名称。菜单式餐饮企业设计的产物,菜单上所列菜品是根据一定的要求、依据一定的原则、采用适当的方法精心组合在一起的,是菜品组合的艺术,是消费者与餐饮企业沟通的桥梁,重视筵席菜单,是餐饮业走向成功的关键一步。

二、筵席菜单的分类和种类

餐饮企业往往根据不同情况,设计不同特色的菜单。餐饮企业要根据经营风格、经营模式、经营范围以及经营场合、市场需求等方面的不同,菜单也随着变化。因此,菜单的种类很多,具体来看主要有以下几个方面。

(一)按菜单设计性质和应用特点划分

1.套菜菜单

套菜菜单是餐饮业为了经营的需要,由企业设计人员预先设计的具有不同价格档次的菜品组合。这种菜单的特点,一是价格档次分明,适合各种层次消费者由低到高的需要;二是菜品组合基本确定,不同价格的套菜菜单,其菜品组合不同;三是具有固定的菜道。套菜菜单的形式按价格和人数不同可组合为二人套餐、三人

套餐、四人套餐等。由于套菜菜单具有大众性,因而对特殊人群而言,针对性不强。常见的套菜菜单有:

(1)普通套菜菜单

普通套菜菜单通常是指一餐需要的几种主食、菜肴或饮料以包价销售制订的,菜品具有制作简单、快捷方便、经济实惠的特点,如两菜一汤一饭、四菜一汤一饭,多用于快餐厅、风味餐厅等。

(2)团体套菜菜单

团体套菜菜单主要是针对旅游团体、会议团体等客源制订的包餐菜单,通常按规定的标准来制订,菜品多以大众化并附针对性,人数以10~12人为一桌,如八菜一汤、十菜一汤,数量适当。在制订团体套菜菜单时,还要考虑团队人员的年龄、饮食爱好、生活习惯等,做到有针对性和多样性,注意菜品的组合,高中低档合理搭配,保证质价相符。

(3)筵席菜单

筵席菜单是根据筵席主题需要和用餐标准来设计制订的,具有一定规格质量的一整套菜点。由于筵席的性质不同,其形式也不同,如国宴、商务宴、招待宴、婚宴、寿宴、丧宴等,因此,要根据筵席主题目的、规模档次、时令季节、宴请对象、宴请地点等具体设计。总的来说,筵席菜单大多要求热烈隆重,菜品典雅丰盛,其菜单的规格也比其他菜单要高。

2.点菜菜单

点菜菜单,也称为零点菜单,是餐饮业经营的基本菜单。零点菜单针对面较广,品种较多,顾客选择的余地大,高中低档搭配适中,菜品的制作难度不大,大众化菜品较多,菜品按份定价,一目了然,基本比较固定,具体有早、中、晚餐菜单,适用范围广,各种风味餐厅及大小宾馆饭店都是用零点菜单。由于零点菜单提供的菜品都是现点现做,顾客要求快,因此工艺复杂、制作难度大的一般不列在零点菜单上;价格名贵,顾客点菜机会比较少的菜品,一般也不列在零点菜单上,能反映企业特色的菜肴要标注在菜单的明显位置。当然,零点菜单也不是一成不变的,在不同季节,企业促销活动等情况下,也会变换菜单。

点菜菜单,顾客能根据自己的饮食喜好,自主选择菜品,组成一套宴席菜品。许多餐饮企业把宴席菜单的设计权利交给顾客,酒店提供通用的点菜菜单,任顾客在其中选择菜品,或在酒店提供的原料中由顾客自己确定烹调方法、菜肴味型组合成筵席套餐,酒店设计人员或接待人员只在一旁做情况说明,提供建议,协助其制订宴席菜单。

(二)按菜单的使用时间长短划分

1.固定式菜单

固定式菜单是指长期使用或不经常变换的菜单,是餐饮企业设计人员预先设计的列有不同价格档次和固定组合菜式的系列筵席菜单。固定式筵席菜单主要是以宴席档次和宴饮主体作为划分依据,设计人员根据市场行情,结合本企业的经营特色,提前将筵席菜单设计出来,供顾客选用。在餐饮经营活动中,这种菜单较多,如零点菜单、特色筵席菜单,其菜单基本框架、组合方式、基本菜品在长时间内不变化或随季节不同而稍有变化,或是少数菜品在原料来源、加工方法、味型调制、装盘形式等方面稍作调整。这种菜单最大的好处是,有利于标准化制作,尤其是原料的采购标准、加工和普通标准、菜肴的质量标准比较易于统一,不足之处是容易使顾客产生厌倦心理、不能及时跟上市场流行品种、生产操作无新意,产生疲劳心理。

固定式筵席菜单一是档次分明,由低到高,基本上涵盖了整个餐饮企业经营筵席的范围;二是各个类别的宴席菜品已按既定的格式排好,其菜品排列和销售价格基本固定;三是同一档次、同一类别的宴席同时列有几份不同菜品组合的菜单。

2.阶段性菜单

阶段性菜单是指在规定时间内使用的菜单,如餐饮企业在不同企业使用的季节性菜单;餐饮企业搞美食促销活动的美食节菜单;中秋团圆菜单等,这种菜单具有针对性较强的特点,主题鲜明、目的明确、个性突出,为企业经营互动推波助澜。其优点是给顾客以新鲜感,使工作人员不宜对工作产生单调感;有利于企业经营,为企业带来经济效益;扩大企业形象,为企业带来社会效益和知名度,提升企业的品牌形象;能有效地实施生产和管理的标准化。不足之处是对劳动者增加了工作量和难度;增加了品种和数量;增加了各种宣传和策划的费用。

3.一次性菜单

一次性菜单,也称为即时性菜单、专供性筵席菜单,是餐饮企业设计人员根据顾客的要求和消费标准,结合企业资源情况专门设计的菜单。大多是为某种筵席专门设计和制作的菜单,主要是根据顾客的需要、菜品原料的可得性、厨师的技术能力和企业的接待能力而设计的。其优点是灵活性强,能满足顾客需要,紧扣筵席主题;能及时适应市场原料的变化;能调动厨师的积极性和创造性,开发新产品。不足之处在于菜单变化大,难以做到标准化,增加了经营成本。

这种类型的菜单设计,由于顾客的需求十分清楚,有明确的目标,有充裕的设计时间,因而针对性很强,特色展示很充分。目前餐饮企业所经营的宴席,其菜单以专供性菜单较为常见。

除上述分类外,按餐饮企业经营模式划分可分为点菜式菜单、筵席菜单、快餐菜单、风味菜单、自助餐菜单、客房送菜菜单、儿童菜单等；按中西式菜式划分可分为中餐菜单和西餐菜单；按宴饮的形式划分可分为筵席菜单、冷餐会菜单、鸡尾酒会菜单和便宴菜单等。

第二节　筵席菜单的内容和作用

一、筵席菜单的内容

筵席菜单的编制内容是一项集艺术性、技术性和创造性为一体的工作。作为菜单,其内容尤显重要,不同形式的宴席菜单,虽然形式不同,但大体内容是一致的。主要有以下几个方面。

(一)菜品名称和价格

菜品与名称是内容和形式的关系,内容决定形式,形式反映内容。名称是给顾客的第一印象,是顾客对菜品期望值的直观来源,价格是菜品的出让价值,价格的高低除了因原料的价格决定外,还受企业的规模档次、菜品加工工艺等方面的影响,因此,菜品的名称和价格是菜单最重要的内容。

在编排菜品名称和价格时,要求名实相符,名称和价格要有真实性。菜品名称尽可能好听,要有情趣性和艺术性,但不能故弄玄虚,让人摸不着头脑。名称与实物不相符,会给顾客一种被愚弄的感觉。要尽可能满足顾客心理,采用一些吉祥如意、寓意明确的名称,价格也要与实际相适应,明码标价,价格合理,顾客易于接受。不能漫天要价,也不能强求实惠而过低毛利。当然,在一些促销活动中,可以采取一些优惠价、浮动价、季节价等来吸引顾客。

(二)菜品和特色菜品介绍

菜品和特色菜品介绍是菜单的另一主要内容。菜单上的一些产品特别是一些特色产品,一定要有一些文字介绍,特别是一些主配料的数量、一些独特的调味和调料、特殊技法和菜品的分量。虽然有些不用太详细地介绍,但是也要让顾客了解这个菜品的大概情况,特别是特色菜肴,要把特色之处标注明白,而且要标注在明显之处,让顾客一目了然,也省去服务员的介绍,节省时间。

(三)告示性信息

每张菜单都有告示性信息。一般来讲,告示性信息主要有:餐厅的名称、餐厅的地址、电话、传真、网址和商标标识、餐厅经营的时间等,有的还标明餐厅在城市中的位置,甚至简易图示。另外还包括一些需要说明的情况,如谢绝自带酒水、加收服务费等。这些告示性信息,一般标注在菜单的下方、封面或封底。

(四)机构性信息

有些大型筵席菜单,还标有饭店的机构性信息,企业文化标设,如有些老字号企业的发展历史、发展过程、重大业绩等,这些都是为了塑造企业在公众心目中的美好形象,扩大企业的影响。

(五)艺术装饰和相应图片

筵席菜单的内容还包括饭店的外观图片、餐厅和菜肴的图片,以便顾客对整个饭店的了解,使顾客对菜肴的认识从图片上有所了解。另外,为了使菜单美观,还要使用一些艺术性的装饰——艺术线条、艺术文字等,与图片交相辉映,也体现企业的文化,显示企业的实力。

小贴士

中式筵席菜单的设计模式是经过长期实践证明、为广大顾客所接受的相对稳定的筵席模式。总的来说,中餐筵席的模式是三段式。

第一段是"序曲"。传统的、完整的"序曲"内容很丰富、很讲究。它包括以下内容:

1.茶水。茶水又分为礼仪茶和点茶两类。不需要收费的茶,称为礼仪茶;需要收费的、要请顾客点用的茶,称为点茶。

2.手碟。传统而完整的手碟分为干果、蜜果、水果三种。现在的筵席一般只配干果手碟。讲究一些的筵席往往都会在菜单上将茶水和手碟的内容写出来。

3.开胃酒、开胃菜。为了在正式开餐前使顾客的胃口大开,传统筵席往往要配置开胃酒和开胃菜。一般开胃酒是低酒精度、略带甜酸味的酒,如桂花蜜酒、玫瑰蜜酒等。开胃菜一般是酸辣味、甜酸味或咸鲜味的,如糖醋辣椒圈、水豆豉、榨菜等。

4.头汤。完整的中式筵席一般有三道汤,即头汤、二汤、尾汤。头汤一般采用银耳羹、粟米羹、滋补鲜汤或者粥品。

5.酒水、凉菜。酒水、凉菜是序曲中的重要内容。俗话说,"无酒不成筵","酒宴不分家"。一般来说,越是高档的筵席,酒水的配置越高档,凉菜配置的道数越多。讲究的菜单在配置酒水的时候,除了要将酒水的品牌写出来以外,还要注明是烫杯还是冰镇。

第二段是"主题曲"。所谓"主题曲"是指筵席的大菜、热菜。

第一道菜被称为"头菜"。它是为整个筵席定调、定规格的菜。如果头菜是金牌鲍鱼,那么这个筵席就称为鲍鱼席;如果头菜是一品鱼翅,那么这个筵席就称为鱼翅席;如果头菜是葱烧海参,那么这个筵席就称为海参席。

第二道是烤(炸)菜。按传统习惯,第二道菜一般是烧烤的或者煎炸的菜品。如北京烤鸭、烤乳猪、烧鹅仔或者煎炸仔排等。

第三道是二汤菜。这道菜一般采用清汤、酸汤或者酸辣汤,有醒酒的作用。一般随汤也跟一道酥炸点心。

第四道是可以灵活安排的菜,一般是鱼类菜品。

第五道是可以灵活安排的菜,鸡、鸭、兔、牛肉、猪肉类均可。

第六道菜也是可以灵活安排的菜。

第七道菜一般要安排素菜,笋、菇、菌、时鲜蔬菜均可。

第八道菜一般是甜菜。羹泥、酪品、酥点均可。因为喝酒、品菜已到尾声,顾客要换口味才舒服。

第九道菜是座汤,也称尾汤。传统的座汤往往是全鸡、全鸭、牛尾汤等浓汤或高汤,意味着全席有一个精彩的结尾。

第三段是"尾声"。

1.这时可上一些主食,如面条、米饭。讲究的筵席一般会随饭配四道菜,两荤两素。

2.米饭、面条等主食用完以后,一般要上时令水果。既能让顾客清口,也表示整个筵席结束。

3.茶水。水果吃得差不多的时候,顾客还没有散意的话,一般上茶水助兴。

传统筵席这时上茶水也有"端茶送客"的意思。

二、筵席菜单的作用

筵席菜单是设计者根据宴请对象、消费标准和顾客需要预先设计好的菜品组合,如同产品的介绍书,不仅是餐饮管理者经营思想和管理水准的体现,更是消费者与经营者沟通的纽带。菜单不仅是一个产品目录,还是一件艺术品,也是企业的宣传品。因此,菜单在餐饮企业经营中有非常重要的作用。

(一)是消费者和经营者消费经营的依据

菜单是提供给消费者消费的依据和凭证,餐饮企业通过宴席菜单向顾客介绍宴席菜品及菜品特色,进而推销宴席及餐饮服务。因此,宴席菜单是连接餐厅与顾客的桥梁,起着促成宴席订购的媒介作用。根据菜单,消费者对消费的品种、数量、质量、价格一目了然,作为餐饮企业,同样也是如此,这也是消费者的知情权,如果没有菜单,口说无凭,容易产生误解,甚至产生不必要的麻烦,有了菜单,顾客放心,企业满意。

(二)菜单是消费者和企业沟通的桥梁

顾客到饭店进行消费,通常是通过饭店提供的菜单来选择他们的消费品种,服务人员及相关人员有必要、有责任也有义务为顾客推荐菜单及菜单上的品种,顾客与企业人员通过菜单进行交流,信息得到了沟通,使买卖双方达成一致的意向。没有菜单,顾客和饭店相关人员就无法沟通详细情况,很难让顾客满意,同时,经营者在按照菜单提供服务的同时,服务人员与顾客还进行着直接的沟通,听取顾客对菜品的意见,以便于进一步改进菜单。

(三)菜单是餐饮企业营销的手段

菜单起着连接顾客和餐厅的纽带作用,餐饮企业是通过菜单来推荐产品,提供各种菜品信息,顾客通过菜单了解餐饮企业的经营品种和各种菜品信息。所以餐饮企业要拥有丰富的筵席菜单,还要根据顾客需要设计各种菜单,供客人选择,通过图文并茂的艺术性菜单,使顾客对菜单中的菜品品质、菜品内容、风味特色、成本价格等有所认识,使顾客因菜单产生强烈的消费欲望,达到餐饮企业营销的目的。

(四)菜单反映了餐饮企业的经营方向和方针策略

餐饮企业要得到长期有效的发展,在激烈的市场竞争中立于不败之地,就必须确立正确的经营方向和经营方针策略。餐饮企业的菜单,是企业根据经营方针,通过市场调查,分析客源和市场需求,对消费者的类型及消费特点进行研究后,根据具体研究结果制订出来的。菜单的内容,提供的菜品品种和价格,代表着企业的经营范围、经营规模,经营思想和理念,是企业经营方针的集中体现,关系到企业经营业绩的好坏和经营活动的成败。

(五)菜单是餐饮企业业务活动的总纲

餐饮企业的经营活动,从原料的采购、菜品的烹调制作、筵席的服务等都围绕菜单进行,因此说,菜单是餐饮企业开展业务工作的基础和核心。餐饮企业从设备的选配到厨房布局、从原料的采购到储存保管、从厨师、服务员到管理人员的配备,都要围绕菜单进行。如制作烤鸭需要挂炉、烤乳猪和烤全羊需要明烤炉、蒸制需要蒸车等,菜品品种越丰富,需要的设备种类越齐全,菜品越珍奇,申报越特殊。由于设备的不同,厨房布局等也随之改变;再如,列入菜单经营的原料,是采购的必备品种,而临时增加或新推出菜品的原料,要及时调整落实到采购计划中;再者,菜单菜品品种、风味特色与服务的规格,也决定了厨师、服务员配备的取向。因此,菜单对企业业务活动的开展至关重要。因此,宴席菜单是制作宴席的"示意图"和"施工图",宴席菜单在整个宴席经营活动中起着计划和控制作用。

(六)筵席菜单是企业广告

一份设计精美的筵席菜单,可以烘托宴饮气氛,可以反映餐厅的风格,可以使顾客对所列的美味佳肴留下深刻的印象,并作为一种艺术品来欣赏甚至留作纪念,借以唤起美好回忆。

筵席菜单是探寻饮食规律、创制新席的依凭。通过数量不等、规格各异、特色鲜明的各色菜单,可以察知整个席面所包含的文化素质和风俗民情,大致看出那个时代、那个地区的烹调工艺体系和饮馔文明发展程度。

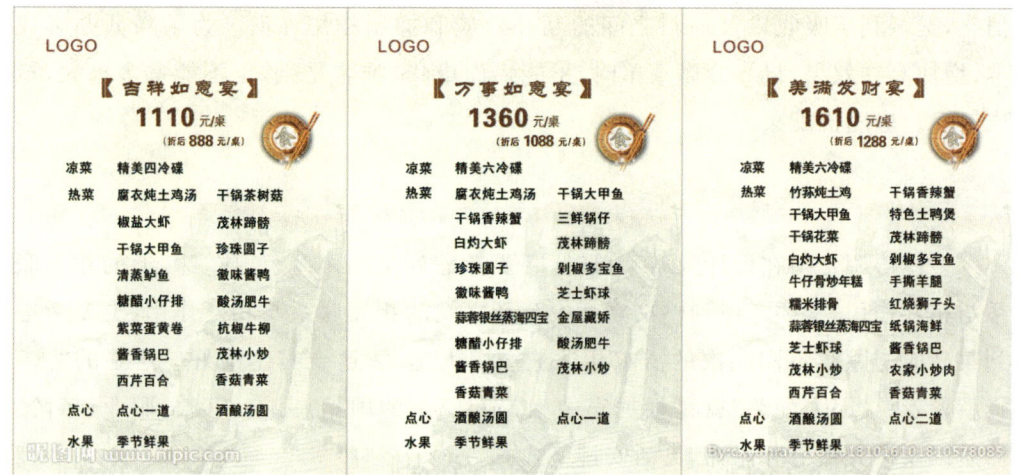

第三节　筵席菜单的设计原则和方法

一、筵席菜单的设计原则

筵席菜单可以是事先设计好的固定菜单，类似说明书一样，向客人介绍筵席产品。筵席菜单一般是预订筵席时根据客人要求确定内容。无论何种菜单设计，都要求设计者有较强的专业知识和适当的灵活性。在整个设计过程中应遵循以下一些原则。

(一)科学合理,营养均衡

科学合理是指在设计筵席菜单时，既要充分考虑顾客饮食习惯和品位习惯的合理性，又要考虑宴席膳食组合的科学性。饮食是人类赖以生存的重要物质。人们赴宴，除了获得口感上、精神上的享受之外，主要还是借助宴席补充营养，调节人体机能。所谓膳食平衡，即人们从膳食中获得的营养物质与维持正常生理活动所需的物质，在量和质上基本一致。配置筵席菜肴，要多从宏观上考虑整桌菜点的营养是否合理，而不能单纯累计所用原料营养素的含量；还应考虑这组食品是否利于消化，是否利于吸收以及原料之间的互补效应和抑制作用如何。为了降低办宴成本，增加宴饮效果，设计宴席菜单时，不能崇尚虚华、唯名是崇，也不能贪多求大，造成浪费。应随价配菜。

(二)整体协调,满足需求

整体协调是指在设计筵席菜单时，既要考虑到菜品本身色、质、味、形的相互联系与相互作用，又要考虑到整桌宴席中菜品之间的相互联系与相互作用，更要考虑到菜品应与顾客不同层次的需求相适应。因人配菜，迎合宾主嗜好。这里的"人"指就餐者。"因人配菜"就是根据宾主(特别是宾)的国籍、民族、宗教、职业、年龄、体质以及个人嗜好和忌讳，灵活安排菜式。

设计筵席菜单时，要了解"顾客需要什么""顾客对菜品的期望目标有多大""怎样才能满足顾客的需要"。不仅要考虑消费群体的消费水平，而且要把握市场需求,注重不同食客的禁忌和饮食习俗,制定出符合多数消费者需求的筵席菜单;并且随着季节的更替和饮食潮流的变化,随时更换新的菜式品种。

(三)质价相符,确保盈利

质价相符,讲究品种调配。这里的"价",指筵席的售价。随价配菜即按照"质价相称""优质优价"的原则,合理选配筵席菜点。确保盈利是指餐饮企业要把自己的盈利目标自始至终贯穿到筵席菜单设计中去,既让顾客的需要从菜单中得到满足,权益受到保护,又要通过合理有效手段使菜单为本企业带来应有的盈利。按需配菜,"需"指宾主的要求,"制约因素"指客观条件。两者有时统一,有时会有矛盾,应当互相兼顾,忽视任何一方面,都会影响宴席的效果。

筵席价格的高低,是确定筵席菜单菜品档次高低的决定性因素,是菜单设计的根本原则。筵席价格的高低,直接反映到烹饪原料的选用和加工工艺上,设计筵席菜单时,应尽量选用本地产品或供应有保障的原料,以降低成本;必须充分掌握各种原料的供货情况,而且凡是列入菜单的品种,厨房必须做到随时保证供应。加工工艺、菜品的造型也影响到价格,价格高的,加工工艺比较复杂、菜品的造型比较精致,菜品的盛器也比较讲究。

(四)应时配菜,突出口味

这里的"时"指季节、时令。"应时配菜"指设计宴席菜单要符合节令的要求。像原料的选用、口味的调配、质地的确定、色泽的变化、冷热干稀的安排之类,都须视气候不同而有差异。宴席既然是菜品的组合艺术,理所当然要讲究席面的多变性。其中,口味和质地最为重要,应在确保口味和质地的前提下,再考虑其他因素。

(五)体现主题,突出特色

筵席的主体不同,反映在菜单中,其菜式品种等也不同,如婚宴,要有喜庆的气氛,寿宴要有吉祥的氛围。筵席菜单的设计要尽量体现饭店和厨房的特色菜式品种,以增强自身的竞争力,以"人无我有、人有我精"的态度推陈出新,设计出自己的特色菜肴。菜单在注意各类菜点搭配的同时,要不断更新,使客人不断有新感觉,并经常光顾品尝。

(六)注重数量,突出质量

筵席菜品的数量是指组成筵席菜品的总数与每份菜品的分量。一般来说,在总量一定的情况下,菜品的道数越多,每份菜的分量就越少;反之菜品道数越少,每份菜的分量就越多。因此,要根据筵席类型确定数量;要根据筵席的消费对象确定数量；要根据顾客提出的需要确定数量。菜单菜品数量是相对的，但菜品的质量是绝对的，不论数量的多少，都不能降低质量要求，要严格按照菜品质量标准做。

(七)量力而行，注重实际

厨房的设备条件和厨师的技术水平，很大程度上影响和制约了菜单的种类。因此，在制定筵席菜单时，还应考虑到厨房设备和厨师的技术力量。餐厅不可能为了某一个筵席而购置大型设备。因此，菜单只能根据现有的生产设备和条件来进行设计。如果厨房中仅有中厨炉灶，就不能将西式牛排等菜肴列入筵席菜单中。

(八)注重艺术，突出效果

菜单的设计除了上述原则外，还要在菜单的外观制作上体现其艺术性，图文并茂，甚至配些名画名字，清香淡雅，给人以赏心悦目的感觉。要让顾客把菜单当作一种艺术品，吸引顾客，作为企业的宣传名片，提高企业的知名度，树立品牌效应。

二、筵席菜单的设计方法

筵席菜单设计前的调查研究就是根据菜单设计的相关原则，掌握相关情况。在着手进行宴席菜单设计之前，做好与筵席相关的调查研究工作，才能保证菜单设计的可行性，有针对性和高质量。

(一)掌握信息

要掌握的信息主要有：筵席的目的性质、筵席主题或正式名称、主办人或主办单位；筵席的就餐形式，是设座式还是站立式；是分食制、共食制还是自助式；出席宴席宾客尤其是主宾对宴席菜品的要求，他们的职业、年龄、生活地域、风俗习惯、生活特点、饮食喜好与忌讳等。对于高规格的宴席或者大型筵席，除了解以上几个方面的情况外，还要掌握更详尽的筵席信息，特别是订席人的特殊要求。

(二)分析研究

在掌握信息的基础上，要对获得的信息材料加以分析研究。首先，对有条件或通过努力能办到的，要给予明确答复，对实在无法办到的要向顾客做解释；其次，要将与宴席菜单设计直接相关的材料和其他方面的材料分开来处理；最后，要分辨宴席菜单设计有关信息的主次、轻重关系，把握轻重缓急。

(三)菜品设计

确定菜单设计的核心目的是筵菜单设计所期望实现的状态；筵席菜品的构成

模式即筵席菜品的格局;明确了整桌筵席所用菜品的种类、每类菜品的数量、各类菜品的大致规格后,确定整桌筵席所用的菜品,合理排列筵席菜品。

筵席菜品选出后,还须根据筵席的结构,参照所定筵席的售价,进行合理修改,使整桌菜点在数量与质量上与预期的目标趋向一致。编排筵席菜单样式不仅强调菜品选配排列的内在美,也要注重菜目编排样式的形式美。

(四)外观设计

编排菜单外观设计的样式,其总体原则是醒目分明,字体规范,易于就读,匀称美观。中餐筵席菜单中的菜目有横排和竖排两种。竖排有古朴典雅的韵味,横排更适应现代人的识读习惯。

(五)附加说明

筵席菜单的附加说明包括:介绍筵席的风味特色,适用季节和适用场合;介绍筵席的规格、筵席主题和办宴的目的;分类列出所用的烹饪原料和餐具,为操办筵席做好准备;介绍席单出处及有关的典故传闻;介绍特殊菜点的制作要领以及整桌筵席的具体要求等。

(六)设计检查

筵席菜单设计的检查内容主要有:是否与筵席主题相符合;是否与价格标准或档次一致;是否满足了顾客的具体要求;菜点数量的安排是否合理;风味特色和季节性是否鲜明;菜品间搭配是否体现了多样化的要求;整桌菜点是否体现了合理膳食的营养要求;是否凸显了设计者的技术专长;烹饪原料是否能保障供应,是否便于烹调操作和接待服务;是否符合当地的饮食民俗,是否凸显地方风情等。

另外,还要检查菜目编排顺序是否合理;编排样式是否布局合理、醒目分明、整齐美观;是否与筵席菜单的装帧、艺术风格相一致,是否与筵席厅风格相一致等。

第四节　筵席菜单设计注意事项

筵席菜单的设计是一个复杂的过程。编制筵席菜单时，不仅需要了解筵席的种类和各种原料的性质、进货价格以及品种特色，还应充分考虑到客源市场，因筵制宜灵活掌握，才能设计出顾客满意的筵席菜单。

一、合理选用烹饪原料

在菜单设计时，要注意原料的合理选择和利用，要选用市场易于购买的原料；要选用时令性原料；要选用有地方特色的原料；要选用易于烹调加工的原料；要选用能够保持和提高菜品质量水准的原料；要选用易于储存且质量能保持的原料；要选用有多种利用价值的原料；要选用符合食品安全、卫生要求且对人体健康无害的原料。

二、合理选择菜品品种

菜单的菜品很多，顾客对菜品的喜好有共性的方面，也有特殊性。因此，菜品的品种选用上，不选择大多数人不喜欢的菜品；不选用质量不好控制的菜品；不选用厨师不熟悉、不能操作的菜品；不选用重复性的菜品；不选用不利于饭店形象的菜品，多选用一些具有地方特色、便于操作的菜品。

三、准确掌握每一个菜品的成本与售价

成本关系到就餐者及餐饮企业的利益，因此熟知不同菜肴的成本是菜单设计者必须掌握的基本技能。每道菜肴的烹饪原料从选购到加工成菜的过程中，都会存在损耗或者增多，菜单设计者只有掌握每道菜品成本才能够最后确定筵席菜单的定价。准确掌握每一道菜品的成本与售价，清楚地知道它们适用于何种规格档次、何种类型的筵席。高规格的宴席中可适当穿插做工考究、品位高、形制好的工艺造型菜。

四、注意季节变化

熟悉不同季节的应时选料,知道这些原料上市下市的时间以及价格的涨跌规律;了解应时选料适合制作的菜品,掌握应时应季菜品的制作方法;根据时令菜的价格及特性,将其组合到不同规格、不同类型的筵席菜单中;准确把握不同季节中人们的味觉变化规律;味的调配要顺应季节变化。了解人们在不同季节由于味觉变化带来的对菜品色彩选择的倾向性;了解人们在不同季节对菜品温度感觉的适应性。一般而言,夏季应增加有凉爽感的菜品;冬季应增加砂锅、煲类、火锅等。

五、了解并掌握客人信息

了解并掌握本地区人们的饮食风俗、饮食习惯、饮食喜好;掌握不同性质筵席菜品应用的特定需要与忌讳;了解不同地区、不同民族、不同国家人们的饮食风俗习惯和饮食禁忌,有针对性地设计宴席菜品。

六、注重数量规格

高规格筵席菜品以"粗菜细作、细菜粗做"为主,数量不宜过多,以体现"精"的效果;低规格筵席每份菜肴的菜量要足,口味要到位,菜肴数量较多。根据筵席规格的高低,菜品数量一般在12～20个不等。并且要注意的是,菜肴品种少的筵席,每道菜肴的数量要丰满些;而品种多的筵席,每道菜肴的分量可相应减少。

第四章

筵席的设计与开发

第一节　筵席设计与开发的原则

一、筵席设计的原则

(一)规范化与标准化

不管是何种类型的筵席,专业化的内容都是不可或缺的,在求新求变的同时不能脱离内容的专业化、标准化,如同散文写作中"形散神不可散"。诸如服务程序的准确到位、菜肴定价的适当合理,高效的服务管理,热情真诚的服务态度等要始终贯穿于整个筵席过程中。以此为基础,进而突出主题特征,才能使得筵席相得益彰,锦上添花。

(二)把握筵席的目的、要求和主题

随着现代社会各种交往的增多,筵席的性质和主题都在不断地发生变化。饭店在接受客人的筵席预订时,要清楚客人举办筵席的目的是什么,即主题要明确,如婚宴、寿宴、朋友聚会、商务宴请、家庭小聚等。并问清楚客人的具体要求,如筵席的参加人数、台数、时间、标准、横幅字画、音响、录像等要求,从而事先做好准备工作,有针对性地进行设计和开发,满足举办方的宴请目的。

筵席并不是盲目举办的。每次都有一个鲜明的主题,然后围绕整个主题来选择菜肴风味、举办场所、灯光音乐、服务方式的表现形式和就餐环境的装饰布置等。例如北京长城饭店为美国商务客人举办的著名的"丝绸之路"筵席。根据客人的需求,设计创造出了以天山图案为背景,以三条象征丝绸之路的黄色装饰的宽敞通道,伴有新疆舞蹈演员载歌载舞的表演及设计美观、大方、舒适、典雅的16张筵席台面,完美地体现了筵席主题,烘托了意境,从而创造出了使客人十分满意的筵席主题场景的优质服务,收到了使客人"永生难忘"的效果。

(三)主题筵席设计突出场景布置

筵席是一种综合性的高层次的餐饮活动,与普通的餐饮活动相比,更具有多功

能性、文化性和个性化的特点。因而筵席场景如同戏剧演出的舞台，也需要明确主题，突出个性，彰显文化特色，烘托气氛而给消费者以吃以外的更高层次的心理满足。传统筵席设计对主题的表现一般是通过菜单设计、菜式品种的差异和台面设计等来实现的。而在现代饭店的主题筵席设计中，要运用现代化的手段和方法、渠道来创造气氛，营造环境。例如某酒店设计的欧式鲜花婚宴时所做的场景布置：婚场各处都装饰以漂亮的鲜花，铺设红地毯，设置心形气球拱门，悬挂新人的合影，周围以柔细的轻纱和鲜花装饰，整个婚宴因此而花团锦簇、美不胜收。同时，再结合利用现代化多媒体的手段，通过屏幕向来宾展示与新人有关的信息，令来宾们目不暇接，感到美不胜收。

(四)突出台面和菜单的设计，呼应整体环境

与筵席厅或周围的就餐环境相比，台面与菜单的设计属于局部环境，但是局部环境是构成整体环境的一个部分，因而主题筵席的台面布置与菜单设计绝对不能忽视。在台面的布置中，除了利用台布、口布、餐具等必备器具和部件外，要充分利用插花和小件饰物、食雕等来体现筵席的主题。如在婚宴中，常以火红的玫瑰、洁白的百合、逼真的火鹤鸟来体现新人的浪漫、幸福和美满。

此外，菜单的设计也是吸引顾客的一个重要方面。目前，菜单所选用的材质已远远超越了传统菜单的材质。纸、竹、木、石、绢等菜单选材不一，主要是根据筵席的主题选择与之相协调的材料，设计别致高雅新奇的造型，运用恰当的色彩与餐台相配套，针对筵席的性质对菜名进行包装设计，突出筵席的文化性质。如某酒店设计的中式喜宴菜单中运用了以下菜名：满堂喜庆、花好月圆、缘定三生、永结同心、东海游麟、金银玉带、海国鸳鸯、富贵腾达、心心相印、金鸡报喜、吉祥如意、珍珠玉露、花开并蒂，并在每个菜名后附上说明，增添了喜宴的氛围。

(五)加强服务设计，为筵席主题增光添彩

服务设计是筵席成功与否的另一个关键所在。英国女王伊丽莎白二世在1986年访问中国时，广东省政府在白天鹅宾馆举行大型的欢迎宴会。其中一道"金红化皮乳猪"上菜时，就是由"侍女"提宫灯前面引导，身后着唐装服饰的两轿夫抬着装有"金红化皮乳猪"的轿子，后跟服务人员手托乳猪进场的服务方式，令外国宾客人为惊叹，收到了非常好的效果。突出主题，渲染主题，还要从服务人员的着装、仪容仪表、行走、站立、服务程序和规范要求等方面进行考虑，千万不能脱离主题，以免背道而驰。

(六)要具有创新性

在市场竞争中，只有不断地创新才能给客人以新鲜感，才能在行业竞争中独树

一帜，成为被模仿和追逐的对象。创新源于对客人需求的满足，筵席内容的创新可以从筵席的环境、菜肴的组配、服务的方式等方面体现出来。针对筵席而言，内容的创新要立足于主题所在，围绕主题进行细节的设计，但是创新要充分考虑宾客的品位和审美，以得到宾客的认可。新、奇、雅，而不过俗，要体现创新中的文化内涵和特色，如婚宴中的喜庆、家庭筵席的温馨。只有把握了不同的主题，借助于一定的服务方式才能出奇制胜。

二、筵席内容设计的要求

筵席开发的关键在于满意地完成一定的筵席任务要求，去精心寻找和构造一个最佳的实施方案。因此，筵席开发必须在符合科学化、规范化、标准化、审美化要求的轨迹上运行。

(一)确立科学的筵席饮食营养观

应该毫不避讳地承认，在中国传统筵席中，讲究筵席饮食营养，几乎没有立足之地。尽管古人也曾提过："安身之本，必资于食，……不知食宜者，不足以存生也。"(《千金方》)；"人之可畏者，衽席饮食之间，而不知为之戒过也。"每宴时必"咨口腹之欲，穷饮食之乐，……安能保全太和以臻遐龄"(《寿世保元》)，然而并未引起世人的重视。客观地说，时至今日，这种状况并没有多少改进。凡宴必由山珍海味铺陈于席，暴饮暴食，纵欲行乐不讲营养，不讲卫生的现象，并不鲜见。这种状况的根本改变有赖于多方面的共同努力。首先对于筵席开发而言，必须牢固地确立起科学的筵席饮食营养的设计、开发观，以中国饮食养生理论和现代营养学科学理论指导筵席饮食结构的编排、烹饪操作、食制选择，大胆地摒弃不科学的传统糟粕，真正将筵席开发纳入科学营养的轨道，使其健康地发展。

(二)强化筵席生产的规范化

经筵席设计产生的筵席实施方案，一旦审定，对于生产服务过程而言，便是具有高度约束力的技术性文件，这是设计赋予的职能。现在的筵席设计依然存在着简单、含糊、不确定的现象，筵席生产与服务的随意性、无把握性、波动性大。要改变这种情况，筵席设计应该从严要求，要从宏观整体的角度设计，清晰地反映筵席生产与服务的结构关系、职能、责任目标、操作标准、实施方法，从而使筵席生产与服务的全过程，既接受设计既定的目标引导，也接受设计施加的约束和规范。

(三)树立定量化和标准化意识

欲使筵席生产服务过程规范化，就必须在设计中准确而又明了地指示出与此过程相关的各方面操作,实施的具体细则,搞好定量化、强化标准意识,这样才能最终消除操作过程中各自为政、随心所欲的不正常状况。例如,变质原料计划,不仅要有原料品种名称、数量,还要标出具体质量要求、购进时间、经费概算;设计筵席烹饪工艺,对切配而言,要有每一菜肴构成的原料名称、数量、比例、切配要求、组合形式、完成时间;对烹调而言,要有每一菜肴的烹调方法、味型、调味料数量、操作顺序、成菜标准、造型样式;冷菜、点心制作也是如此,即便是初加工设计也应有定量化要求;筵席服务设计,要明确服务对象、程序、方法、设宴餐厅、台号、餐具选择、餐厅布置、上菜顺序、服务礼仪等多方面的内容;筵席营养设计,要根据不同的宴饮群体,确定营养素供给标准,计算营养素供给量,并根据平衡膳食、合理营养的原则作出评估……只有使设计的每一部分都落实到细处,即符合定量化、标准化的要求,筵席生产和服务的质量才能真正有保证。

(四)树立人性化和审美化意识

筵席开发归根结底是为人的社会需要服务的。因此,应该把人们对美食的需要、卫生安全的需要、营养健康的需要、利益的需要、尊重的需要、文化的需要、审美的需要等体现在设计中,即体现人性化的特点。

这些需要中,特别强调人们对筵席审美的诉求,这是因为筵席中存在着广阔的审美空间,需要创设供饮宴者审美的对象。例如,筵席主题的渲染,餐厅环境装饰的舒适温馨美、餐厅格局台面布置的典雅实用美、菜品色香味形质诸美的展示、筵席进程运转流动的节奏美、服务员的热情体贴风度礼仪美,以及筵席过程中游戏活动、观赏活动及特色活动的介入。在这广阔的审美空间中,让人们的审美触觉可以自由地伸展,获取自己所需要的审美对象,并从中得到多重的审美满足。

三、筵席内容设计注意事项

(一)满足目标顾客的需求

筵席需求和等级规格的高低是由举办者的宴请目的、宴请事由、主要宴请对象的重要程度、准备达到的筵席影响、出席筵席的主要人物身份地位、举办者的筵席标准等诸多因素决定的。因此,筵席内容设计时必须遵循满足目标顾客的需求,确保每个筵席内容都能根据目标顾客需求层次和等级规格,提供质价相符、针对性强的优质服务。

(二)考虑生产经营因素

在设计筵席内容时,必须考虑本筵席厅工作人员的综合素质,选择一些能发挥其特长的服务活动,才能提高筵席的质量。同时,还要考虑服务场地的安排、布置、设施设备的局限性等。如在婚宴中,依托特色民俗文化,穿插"花轿迎新娘"或"情歌对唱"等民俗表演,激发顾客的参与热情,以获得可观的销售利润。

四、筵席的开发

(一)筵席开发的原则

筵席开发的原则主要有目的性原则、整体性原则、因席制宜原则、多样化原则、满意性原则和效益性原则等。

1. 目的性原则

目的性原则,即要求任一筵席开发都必须有明确的和必须实现的目标状态。作为一种特殊的社会交际工具,筵席被人们广泛地应用于国家政治与外事交往活动、社会生活、日常人际交往活动之中,人们举筵设宴,都带有一定的目的动机,有各种各样的需求。为了满足这些目的和需求,筵席开发必须具有目的性。要根据不同筵席任务要求,确定与之相适合的设计方针和总目标,确定具体设计的分级目标,如成本与价格目标、菜点数量目标、质量目标、风味目标、营养目标、操作目标等,从而形成设计的目标体系架构。

2. 整体性原则

在实际的筵席开发中,有不少设计人员往往把开发的重点只放在菜单设计上,而不顾及其他方面。以此来说,一张只考虑菜点如何组合的筵席菜单,孤立地分析或许挑不出问题,但是若把它和外部环境联系起来分析时,却可能会发现其中某些原料在本地市场上是无法采购到的,或者是菜点的生产设备条件无法满足加工,抑或是厨师的操作水平实现不了;如果把它和宴饮群体的饮食需求联系起来分析,又发现菜点口味与宴饮群体的期望相去甚远,甚而还和他们的饮食习俗或宗教信仰直接相抵触,显然这个似乎很不错的筵席菜单实际上是一个很失败的设计。只考虑局部优化而不考虑整体的设计是有缺陷的设计。所以,在筵席开发中,一定要以整体性原则为指导,统筹规划,既要使各组成部分的设计优化,更要使整体的设计优化,实现和外部条件、宴饮群体的无缝对接。

3. 因席制宜原则

因席制宜原则是指筵席开发要契合筵席任务的要求进行有针对性的设计。由于在实际的筵席开发中,会面对不同的筵席任务,不同的宴饮群体,其需求是不尽相同的,企图用一种不变的设计去应对所有的筵席任务和宴饮群体,事实上是行不通的。筵席是开放的系统,饮宴群体的需求在变化,外部的条件在变化,必然伴以设计的相应变化才能与之相适应。因此,筵席开发就要以开放的姿态,适应变化的情况，具体筵席具体分析，使每一设计都具有针对性，让设计的价值充分显现出来。

除上述之外，筵席开发也要体现出多样化原则、满意性原则和效益性原则等。

(二)筵席开发的要求

1.突出主题

筵席都有目的，目的就是主题。围绕宴饮的目的，突出筵席的主题，乃是筵席开发的宗旨。如国宴的目的是想通过宴饮达到国家间相互沟通、友好交往，在设计开发上要突出热烈、友好、和睦的主题气氛；婚宴的目的是庆贺喜结良缘，设计开发时要突出吉祥、喜庆、佳偶天成的主题意境。根据不同的宴饮目的，突出不同的筵席主题，是筵席设计开发的基本要求；反之，如果不了解东道主(顾客)的宴饮目的，筵席设计脱离了筵席主题，那么轻者可能会导致顾客投诉，重者则可能会导致整个筵席失败。

主题宴席的文化内涵设计是文化主题筵席设计的核心内容，因此文化主题宴席设计：首先，应该充分挖掘主题的文化思想，如拟古宴需要了解历史事件的文化思想，感怀宴需要了解人事的文化思想等。其次，文化主题宴设计还应考虑到所表达的主题文化思想的时代特点，特别是拟古宴、民俗宴等所表达的文化思想是对中国古代事件、环境、人物、时节等饮食文化的一种重现。最后，消费者对于文化主题宴席的体验大多来自宴席的菜点、环境、服务形式三个方面，因此文化主题宴席内涵在紧扣主题文化思想和时代特点的基础上，应从宴席的菜点、环境、服务形式三个方面强化其外在表现。在菜点设计方面不可背离文化原点：一方面，菜品设计物有所表，如流行多年的"红楼宴"菜点都出之曹雪芹的名著《红楼梦》中所述；另一方面结合宴席主题的时代特点，进行菜点设计。宴席的环境设计、服务形式设计是对文化主题内涵的重要辅助，是不可缺少的重要环节。宴席环境设计应该从酒店的建筑设计、饮食器皿、音乐歌舞、工作人员的着装等多方面的设计来体现文化主题内涵。服务形式设计则可从服务礼仪、饮食禁忌、服务程序、宴席文化解说等方面精心策划。

2.特色鲜明

筵席设计开发贵在特色，可在菜点上、酒水上、服务方式上、娱乐上、场境布局上以及台面上来表现。不同的进餐对象，由于其年龄、职业、地位、性格等不同，其饮食爱好和审美情趣各不一样，因此，筵席开发设计不可千篇一律。筵席特色的集中反映是它的民族特色或地方特色。通过地方名特菜肴，民族服饰，地方音乐，传统礼仪等，展示筵席的民族特色或地方风格，反映一个地区或民族淳朴民俗风情的社交活动。

筵席还应突出本酒店的浓厚风格特征。例如武汉猴王大酒店的"猴王宴"，突出《西游记》的文化特色;武汉最大的民营餐饮企业——小蓝鲸酒楼的筵席始终贯穿"饮食讲科学、营养求平衡"的思想,筵席菜点的"营养科学"特色尤为鲜明。

3.安全舒适

筵席既是一种欢快、友好的社交活动,同时也是一种娱悦身心的娱乐活动。赴宴者乘兴而来,为的是获得一种精神和物质的双重享受,因此,安全和舒适是所有赴宴者的共同追求。筵席设计开发时要充分考虑和防止如电、火、食品卫生、建筑设施,服务活动等不安全因素的发生,避免顾客遭受损失。优美的服务是所有赴宴者的共同追求,构成了舒适的重要因素。

4.美观和谐

筵席设计开发是一种"美"的创造活动,筵席场景,台面设计,菜点组合,灯光音响,乃至服务人员的容貌、语言、举止、装饰等,都包含许多美学内容,体现了一定的美学思想。筵席设计开发就是将筵席活动过程中所设计的各种审美因素,进行有机的组合,达到一种协调一致、美观和谐的美感要求。

5.科学核算

筵席设计从目的来看,可分为效果设计和成本设计。对筵席各个环节、各个消耗成本的因素要进行科学、认真的核算,确保筵席的正常盈利。

6.营养美观

文化主题宴席不仅是特定旅游场景下的文化精神体验,同时也是饮食的物质享受。因此作为文化主题宴席设计核心内容的"菜点设计",在突出文化内涵的同时也必须遵循宴席美感及现代营养需求的一般原则。

(三)筵席开发的注意事项

1.注重筵席开发的多样化

多样化是指筵席设计既要体现规律性、目的性,又要体现内容变化的丰富性、和谐性。用多样性原则指导筵席设计,就要避免和克服开发的单一性。以筵席菜品为例,凡是吃过筵席的人都会体验到,丰富多样的菜点给人的印象是变化无穷、美不胜收的,几乎没有人不喜欢这种多样化变化。因为不同菜点类别的变化,菜点具体品种的变化,必然引起在烹饪原料选用、刀工工艺、原料组合、烹调方法、风味特点、外观形式等诸方面的丰富变化。只有如此,才更容易为人们所喜爱、所接受,也才更有普遍的适应性。当然,筵席多样化并不意味着把设计开发搞得光怪陆离、混乱驳杂,它的最高准则是围绕主题展示丰富性,围绕风味特色展示多样性,有变化而又有规律性和目的性。

2.注重开发中既定目标的满意性

任何筵席开发中都是有条件约束的,根据不同筵席的要求,可以确定与之相适应的目标体系。然而这一目标体系的实现并不只具有设计开发的一种可能性,换句话讲,每一筵席的开发设计,都可以构造出若干个开发设计方案。另外,设计开发者往往期望能从最便捷的途径和用最简便的方法,去寻找和构造出一个最佳最优的设计开发方案。在这种情况下,注重既定目标的满意性,会为筵席的开发设计带来两方面的好处:一是提供显示的终止依据,即一旦寻找并构造出一个满足开发设计目标状态的方案时,设计开发便大功告成,这样就可以避免毫无必要地、无止境地去寻找和构造若干备选方案的设计反复。如果这个设计开发方案尚有不足与缺陷,则加以修订,使之与设计开发目标状态相吻合。二是避免不现实的边际主义假定,即在需要比较几个设计方案的优劣时,可以防止人为地不切实际地吹毛求疵,横挑鼻子竖挑眼,只要其中有一个设计开发方案与设计开发目标状态相吻合,就可以把它们认定下来,结束比较,或在其中挑选一个与设计目的相接近的,再进行补充和完善。

3.注重筵席的效益性

筵席开发中必须在充分考虑满足顾客需求的前提下,实现筵席经营经济效益与社会效益的最大化。筵席经营效益的基础在筵席菜单,筵席菜单的关键在设计。因为企业的筵席价格集中体现在筵席菜品的价格上,筵席经营成本则集中反映在筵席菜品成本上。因此,筵席菜单设计是控制筵席成本的首要环节。又因为筵席菜单是直接面向顾客的,顾客对筵席价格的理解是基于对筵席菜单价格的理解。所以,要让顾客能够接受筵席菜单,也就是接受筵席,并产生"物有所值"甚至是"物超所值"的印象,顾客就会成为筵席消费的常客,饭店筵席经营自然会兴旺起来,效益随之也会好起来。

小贴士

2009年2月18日,"扬州红楼饮食文化节"在洛杉矶拉开序幕,使得扬州"红楼宴"扬名异国他乡,让海外各界人士不仅大饱口福,也对中华传统文化有了更全面的认识。

中国古典名著《红楼梦》中有很大篇幅描写饮食烹饪,涉及菜点茶酒100多种,令人叹为观止。现在扬州"红楼宴"已成为扬州旅游的一项特色,它就是以中国四大名著之一的《红楼宴》中的描写为依据,运用外景移室内的手法设置场景,营造气氛。在红楼厅口,悬挂着三个精巧的灯笼,上书"红楼厅"三字。步入富丽堂皇的红楼厅,迎面是一座皇家园林式的牌楼,四壁挂满黄绸软缎的幕帘。牌楼下是漆器圆桌,室顶悬吊着两只巨大的粉红色的荷花灯。四周的镂花窗上镶嵌着十二金钗的仕女图。地屏前,一张张古色古香的漆器炕榻上放置着贾母、黛玉、宝玉、凤姐等人用过的衣冠服饰,宾客可随意穿戴,上炕品茗,犹如身临其境,也可拍照留念。

一进门,耳边传来电视剧《红楼梦》的插曲,身着古装的"贾府丫鬟"轻盈地领你到圆桌旁就餐,细细品味红楼菜肴。

"红楼宴"以淮扬菜为基础,根据《红楼梦》中菜肴原描写,取名与《红楼梦》中人物有关的特色菜肴,由四大部分组成。其一为观赏菜"大观一品",由三个五彩缤纷的拼盘合为一个"品"字;其二为"广陵冷碟",由六道造型精美、色香味俱佳的冷菜构成;其三为"宁荣大菜",有造型奇特的"宝钗借扇""老蚌怀珠"等;其四为"红楼细点",为红楼宴的主食,有"晴雯包""如意饺"等。

不管是环境设计还是菜肴设计和服务安排,整个筵席都给人以浓厚的文化氛围,令人仿佛回到作者笔下所描写的《红楼梦》中。

随着现代社会多元化的消费趋势,使得个性化、主体化的餐饮发展空间巨大,只要能够敏锐地把握市场信息,捕捉市场机会,结合消费对象的主题精心设计,并不断融入现代科技的元素,肯定可以得到成功。扬州"红楼宴"从筵席的命名、环境的布置、服务人员的设计和菜肴的命名、制作,都紧紧围绕着文学作品的主题,在消费中体味《红楼梦》的深远意味。从"红楼宴"的成功可以看出,可选择的筵席题材十分广泛,也可以三国宴或西游宴等为主题,只要围绕主题营造气氛,即可极大满足现代人个性化的消费趋向。

第二节　筵席的菜点设计

宴席菜肴设计涉及的内容很广泛,需要考虑的因素很多。传统宴席仅考虑本餐厅的原料供应情况和客人的消费档次,已远远不能满足现代社会的需求。宴席菜肴设计应充分考虑宴席的各种因素,遵循一定的设计原则,使参加宴席的客人得到最佳的物质和精神享受。

一、筵席菜点设计的原则

(一)突出筵席主题

筵席主题不同,筵席菜点的形式也不同。筵席菜点的形式是指构成筵席的菜点种类、特点、结构、造型、菜名以及服务方式。因此,必须根据筵席的主题,设计菜点,突出筵席主题。设计主题筵席时,要认清主题的来源与选择;对主题筵席台面设计及物品的搭配、主题创意及菜单设计都要切入主题。鲜明独特的主题是做好主题筵席设计的第一步,一个好的主题创意必须兼顾企业的经营实际和目标客户的需求。作为中餐主题筵席的主题,其创意一般要突出中国传统的文化特色及当前社会发展的热点,彰显着中华传统文化的特点。不能七拼八凑,无新意也无雅致,无法让消费者对宴席文化主题精神有较深的体验。有些感怀宴其历史的真实性缺乏史籍考据,且创作者本身对相关的文化精神及时代背景缺乏深入了解,导致主题宴席的实质内涵缺乏根基,因此也无法形成核心吸引力。

(二)了解客人对筵席菜品的期望目标

顾客举办筵席的目标期望各不相同,有的讲究菜品的品位格调,有的追求丰足实惠,有的意在尝鲜品味,有的注重养生营养等。要通过筵席菜点的设计,满足顾客之所需,增强菜品对顾客的吸引力,实现顾客对筵席菜品的目标期望。

要分析举办筵席者和参加宴席者的心理特征。如有些客人慕名前来,想体会筵席厅独特的宴席菜肴和宴席气氛;有些是为了借宴席形式举办一些主题活动,达到娱乐、聚会的目的;有些宾客则出于名望的心理,特地前来享受宴席的良好气氛。

除了了解参加筵席者的出席心理外,还需要分析客人的消费心态,不同的消费心理对宴席设计的要求也会不同。如有的客人注重宴席气氛、规格,满足其社会地位方面的要求,针对这种消费心理,应强调宴席菜肴的精美造型、原料的档次与分量、盛装器皿的精致等,营造出尊贵的氛围;有的客人注重经济实惠,讲究物有所值,对于此类宾客,在菜肴设计上应更注重菜肴的分量和口感。

(三)了解顾客饮食习惯、喜好和禁忌

出席筵席的客人各有不同的生活习惯,对于菜点的选择,也会有不同的喜好。详细了解宾客的生活习惯和禁忌,有助于对宴席菜肴原料和种类的选定,尤其在接待外宾或其他民族和地区的客人时,更应该准确把握宾客的习俗特征。例如,在同一个地区的人,既有共同的饮食习惯、喜好和禁忌,但也因职业、性别、体质的不同而有所差异。对于不同地区的人而言,口味喜好的倾向性差异更大,如川湘人喜辣,江浙人偏甜,广东人喜淡,东北人味重。不同民族与宗教信仰的人饮食禁忌各有不同,例如回族人信奉伊斯兰教,禁食猪肉;佛教徒茹素忌荤。因此,在设计菜点前,要了解这些情况,把客人的特殊需要和一般需要结合起来考虑,要把筵席主要客人与一般客人的需要兼顾起来,这样筵席菜品的安排,才会更有针对性,效果才会更好。

同时还要了解宾客的年龄、性别、职业、籍贯、工作居住地以及参加宴席的目的。必须了解宾客的饮食习惯、喜好、禁忌等。

(四)注重时令,合理设计

要选用季节的时令原料,充分体现季节时令特色,使宾客获得视觉、心理和生理的满足,还能降低宴席的成本。要结合季节特征设计宴席菜肴的色彩,冬季菜肴色彩应以暖色,尤其以红色为主,可以刺激客人食欲;夏季则应以给人清爽的色彩为主调。还要结合季节特征设计宴席菜肴的口味,冬季应该浓重,夏季应该清爽,适当加入苦味,春季口味应偏酸性,秋季则偏向辛辣。

(五)菜肴结构平衡,营养搭配合理

筵席菜肴的各种原料要搭配合理,合理配餐越来越受到人们的关注。在宴席菜肴设计时应把握总体的结构和比例。各种原料组成包括蛋白质、脂肪、淀粉、维生素、粗纤维、矿物质、微量元素等营养素。这就要求菜肴的各种原料搭配也应合理,否则人的消化机能不能正常运转,营养成分也难以消化吸收。宴席菜肴大部分都以动物性原料为主。从营养学观点看,动物性原料是高蛋白、高脂肪性的食品。传统宴席讲究形式隆重、菜肴多样,讲究荤菜和山珍海味,不太注重素菜,注重菜品

的调味和美观,忽略了菜肴的营养搭配。

(六)注重搭配、丰富菜品

1.菜肴口味搭配

筵席菜肴的口味富于变化和搭配,能使客人得到口感上多样性的享受,从而进一步满足宾客对美食的要求。

一般筵席冷菜、热菜、小吃的味型不能重复,只允许冷菜中的味型和热菜中的某味型重复。中、高档筵席,除了咸鲜味可重复5次左右,甜香味可重复3次左右外,其余的味型都不能重复,以确保整个筵席中菜品味型的多样性(汤和水果不在其内)。一般来说,筵席中菜品的味型,会随档次的增高,而更偏重清淡和原汁原味。

另外,厨师在设计菜品味型的时候,还应当注意现代营养学提出的"低糖、低盐、低脂肪"等方面的要求。同时,还要考虑季节和地域,正所谓"春多酸、夏多苦、秋多辛、冬多咸"和"南甜、北咸、东辣、西酸"。

2.选择原料搭配

原料要多样化,原料不同,所呈现的味道也有所不同,原料的搭配是菜肴口味搭配的基础。

筵席中菜品的原料,一般随档次的增高,而更加讲究。一般筵席多用猪肉、牛肉、普通的鱼鲜、四季时蔬和粮豆制品,常有10%的低档山珍或海味充当头菜或主菜。

中档筵席多用鸡、鸭、猪肉、牛肉、羊肉、河鲜、蛋奶、时令蔬菜、水果和精细的粮豆制品,有25%的山珍和海味。

高档筵席多用动植物原料的精华部分,山珍和海味约占45%左右。

在菜品的原料设计过程中,要注意一般筵席的冷菜、热菜、小吃的主料不能重复,只是冷菜中的主料和热菜中的某个菜品的主料可以重复;中、高档筵席的每个菜品主要原料都不能重复,以保证整个筵席选料的多样性。

3.烹调方法搭配

烹调方法不同对菜肴味道也有直接影响。在菜肴设计过程中,要做到烧、烤、蒸、炸、炒等多种方法相结合,使宴席菜肴在口味上有浓有淡,色彩上有深有浅,汁芡上有带汁的和抱汁的,有红汁和白汁等。

一般筵席多为家常菜式,制作简易,烹饪方法多为炒和烧;中档筵席多由地方名菜组成,调理精细,重视风味特色;高档筵席常配有知名度高的特色菜,注重原汁原味,花色菜品和工艺大菜占有很大的比重。

总的来说,菜品的烹饪方法会随筵席档次的增高,而更有难度。在整个筵席菜品的烹饪方法中,要求不能有两次以上的重复。

其实,如果筵席菜品确定了原料、味型和上菜的顺序,也就基本确定了菜品的烹饪方法。如第二道香酥菜,多为炸、烤或烧烤,第三道二汤菜,多采用煮、烩等。

4.色彩搭配

菜肴色彩运用得好坏是衡量菜肴好坏的重要标准。色彩搭配合理,能促进人的食欲,且能给人以美感。尽量用原料本身固有的颜色,为菜肴的颜色增光添彩。在实际烹调中,要注意色彩的对比调和,既使菜肴色彩缤纷,又不杂乱无章,给人以美的享受。

5.比例搭配

筵席菜肴比例是指组成一套筵席的各类菜肴形式,搭配要合理。筵席一般包括冷菜、热炒菜、大菜、素菜、甜菜和点心几大品种,还有水果和冷饮。菜肴种类和形式也有一定的搭配比例和要求。由于筵席的档次不同,筵席菜肴种类的搭配比例也应随之变化。要注意一套筵席菜肴中冷盘、热菜的成本在整个筵席成本中的比重,以保持整个筵席各类菜肴质量的均衡,避免冷盘档次过高、热炒菜档次过低。

6.合理安排菜肴品种和数量

筵席的数量是指组成筵席的菜肴总数与每道菜肴的分量。菜肴的数量是筵席菜肴设计的关键,数量合理令客人既满意又回味无穷。筵席设计者在进行筵席菜肴设计时,应深入分析宾客对筵席菜肴的心理需求,只有以客人的需求为导向,才能设计出让宾客满意的菜肴。

普通筵席菜肴的数量应与参加筵席的人数相一致。在数量上,应以每人平均消费500g左右的净料为原则。筵席菜肴的数量应与筵席档次和客人特征相关,筵席档次高,菜肴数量相对多,每份的数量相对少。

筵席菜肴的品种是由筵席的规格确定的,根据筵席规格的高低,一般有12~20个不等。需要注意的是,菜肴品种少的筵席,每个菜肴的量要丰富些。而品种多的筵席,每个菜肴的量可以减少些。筵席档次比较高,菜肴每份的数量可以减少,品种和形式可以丰富些,制作方法应精巧。筵席档次较低,菜肴每份的数量可以加大。若客人赴宴的目的不在菜肴上,可适当减少菜肴数量。如果是为了品尝菜肴,可减少每道菜的分量,增加品种,尽量让客人品尝到不同菜肴的味道。

一般筵席菜品数量在18道以内,其中冷菜2~4道,约占10%;热菜6~10道,约占80%;小吃1~2道,约占10%;汤1道。

中档筵席菜品数量在25道以内,其中冷菜4~6道,约占15%;热菜8~12道,约占70%;小吃2~4道,约占15%;汤1~2道。

高档筵席菜品数量在30道以内,其中冷菜6~10道,约占20%;热菜10~15道,约占60%;小吃4~8道,约占20%;汤2~3道。

如果宾客是体力劳动者、年轻人或者男士,在菜品数量上就要求比脑力劳动者、小孩、老人或女士多一些,这样才能满足他们吃得好和吃得饱的要求。还有,筵席中还讲究喜事逢双,丧事排单,庆婚要八,贺寿重九等。

7.菜品器皿搭配

一般筵席对器皿不是很讲究,冷菜多用圆盘,热菜多用条盘或窝盘,汤菜则用汤窝;中档筵席,餐具要求整齐,使整个席面显得丰满;高档筵席的餐具则要求华丽珍贵(镀金、镀银),整个席面恢宏、跌宕多姿,气势非凡。

较正规的筵席一般选用成套,即一个颜色、一种花样,只是大小和形状不同的器皿。

8.确定菜品的上菜顺序

中国地大物博,各地习俗也各不一,筵席的上菜顺序也有差异。一般来说,中餐上菜顺序一般应按先冷后热、先清淡后浓味、先名贵后一般、先咸后甜、先零后整、先干后汤、先菜后点心的顺序进行。如北方:冷盘→热菜→炒菜→大菜→汤菜→炒饭→面点→水果。湖南:冷盘→海鲜→荤菜→小菜→汤菜→面点→水果。广东:汤菜→冷盘→海鲜→荤菜→小菜→面点→水果。四川:冷盘→大菜→中盘→炒菜→汤菜→面点→水果。

(七)确定主食、水果、茶水、酒水和饮料

主食,一是根据餐厅的实际情况而定,多为米饭,档次越高,所选用的米要求越好。二是根据宾客的特殊要求而定,如水饺、面条等。水果,多设计时令的鲜果,档次高的,则会选用贵的、少见或者进口的。

茶水,除宾客有特殊的要求,大多由餐厅准备。

酒水和饮料,一般由宾客自点或自带。如果宾客没有特殊要求,我们在设计菜单的时候,需要根据筵席的档次和人数,把酒水和饮料考虑进去。

(八)确定制作厨师

一般筵席的技术含量不是很高,可由初、中级厨师制作。中档筵席较为讲究,多由中、高级厨师制作。高档筵席由于选料精,工艺性大,往往需要高级厨师或技师制作,以确保筵席质量。

(九)确定餐厅的实际情况和宾客的特殊情况

如餐厅的经营特色、货源情况、技术力量,宾客的国籍(韩国人不吃狗肉)、民族(回族忌食猪肉)、宗教(佛教吃素)、职业(上班白领不喜太浓的大蒜味)、年龄(老人喜松软、清淡)、性别(女性喜新鲜、刺激),以及体质、偏好、忌讳等,这些在具体的筵

席菜单设计中都需要考虑进去。

总的来说,宴席菜单的设计,绝不是几个菜品的简单拼凑,而是一系列食品的艺术组合,是要讲究方法的。一张有名的宴席菜谱,便是一件艺术品。

(十)注意价格和成本,确保盈利

确保盈利是指要始终把自己的盈利目标贯穿到筵席菜单设计中去。要做到双赢,既让顾客的需求从菜单中得到满足,利益得到保护,又要通过合理有效的手段使菜点为企业带来应有的利润。

宴席价格的高低与宴席菜肴的质量有着必然的联系,宴席菜肴设计的根本原则在于明确菜肴质量与价格的关系。根据客源市场的不同特点设置相应的价格标准,在规定的标准内把菜点搭配好,使宾主都满意。在菜肴质量的掌握上,要按宴席的价格水平高低,在保证菜肴有足够数量的前提下,从主料、辅料的搭配上进行设计。高规格的宴席应用高档原料,在菜肴中可只用主料,而不用或少用辅料。低规格的宴席,可选用一般原料,且增大辅料用量,从而降低成本。菜肴在配制时,还可尽可能考虑上一些花色菜、做工考究的菜,以及最能体现地方特色的菜,在设计口味与加工方法上,应按粗菜细做、细菜精做的原则,把菜肴调剂适当,这样能提高菜肴的毛利率。

(十一)菜肴命名应具有情趣和文化性

一般筵席的菜名朴实无华,讲求实惠,多以主料或主辅料等命名。中档筵席的菜名比较雅趣别致,往往一般筵席和高档筵席的菜品命名都有体现。高档筵席的菜名典雅,文化气息浓郁,以意境或菜品的象征意义或美好的祝福等命名。另外,不同性质的筵席,对菜品的菜名也很讲究,如婚宴的菜名要喜庆、甜美;寿宴的菜名要围绕"寿"等。

菜肴命名十分重要。好的菜名不仅可使客人一目了然,还可使客人产生联想,引起食欲,起到画龙点睛作用。筵席一般命名方法如下:

1. 主料前加调味品命名:例如,"糖醋里脊、咖喱牛肉、黑椒牛排、茄汁虾仁"。

2. 主料前加烹调方法命名:例如,"滑炒鸡丝、白灼基围虾、南煎丸子、拔丝酥黄菜、蚝油牛肉、大煮干丝"。

3. 主辅料配合命名:例如,"腰果鸡丁、松仁鳕鱼、西芹鱿鱼、菠萝古老肉"。

4. 主料前加人名、地名命名,例如,"宫保鸡丁、麻婆豆腐、夫妻肺片、北京烤鸭、东坡肉"。

5. 主辅料之间加烹调方法命名,例如,"蛋黄焗南瓜、豉汁蒸排骨、紫苏焖田螺"。

6. 主料前加烹制器皿命名,例如,"铁板牛柳、小笼粉蒸肉、鱼香茄子煲"。

在筵席菜肴命名时,除运用以上的基本方法外,还应结合筵席特点为菜肴巧妙命名。例如,为彰显婚宴气氛,可将菜肴命名为"百年好合""双喜临门"等新婚贺词;适合全家团聚的筵席菜肴可命名为"金玉满堂""全家福"等。

二、筵席菜点设计注意事项

(一)烹饪原料选则的注意事项

1.选用市场上易于采购的原料,可降低因货源紧缺而无法出菜的风险。
2.选用易于储存且质量可较长保持的原料,避免在长期存放过程中食材发生变质,一定程度上降低了筵席成本。
3.选用易于烹调加工的原料,免去烦琐的加工程序,加快筵席的上菜速度。
4.及时选购时令性原料,突出季节性,可以让食客品尝到当季最新鲜的食材。

(二)菜点组合的注意事项

1.不选用绝大多数人不喜欢的菜品,可最大程度地满足客人的饮食需求。
2.慎用含油量大的菜品,以免过于油腻的菜肴影响客人的进餐。
3.不选用质量不易控制的菜品,降低集体性食物中毒的风险。
4.慎用色彩昏暗,形状恐怖的菜品,以免引起食客进餐过程中的不适感。
5.不选用重复的菜品,可以让食客品尝到更加丰富的口味及食材。
6.不选用有损利益与形象的菜品,注重品牌效应,培养顾客忠诚度。

在宴席菜肴设计时,还应该注意材料货源情况、厨房设备、菜肴制备时间及服务员的服务能力。要考虑筵席厅本身独有的烹调技术、烹调设备及材料储备情况,以运用既有的独特优势,设计出独具匠心的菜肴。应根据饭店厨师的实际技术能力而定。为了确保餐饮品质并体现该宴席的特色,应选择厨师的拿手菜作为宴席的菜肴。应考虑时令和当时市场的供应情况。

三、筵席菜点的内容

中国筵席种类繁多、内容丰富、形式各异、档次悬殊,通常包括干果、糖果、抓果、看果、冷菜、热炒菜、大件菜、羹汤、甜菜、点心、鲜果等,且形式在历史阶段相对稳定,这才形成了宴席特有的格局。

目前,全国各地的筵席内容主要由酒水、冷菜、热炒、大菜、饭菜、点心、茶果等几大块组成。

酒水和冷菜是宴席的前奏曲,可以提前准备放置于桌上,给客人留下好的第一印象。要求冷菜制作精细、小巧别致、诱发食欲、引人入胜。内容包括糖果、冷菜、各类酒水。

冷菜又叫冷盘、拼盘、冷碟、冷荤。筵席上冷菜有单拼、双拼等什锦总拼盘。也可以制作形象的花、鸟、鱼、虫等花色拼盘,配以围碟,围碟有六碟、八碟、十碟等,以弥补花色拼盘食用性不强的缺陷。筵席冷菜要求比较高,既要讲究菜品口味丰富、醇正,又要讲究刀工精细、整齐美观、装饰典雅,要求荤素兼备,配套成龙,从而达到先声夺人的效果。

抓果有干果(花生、瓜子之类)、糖果(蜜饯之类),专门为开宴前顾客消遣的小食品。俗话说无酒不成席,筵席中常见的酒水有白酒、啤酒、黄酒、葡萄酒,各种配置酒、各种饮料、果汁、汽水、矿泉水等。筵席酒水可以增加席面上的气氛,增进感情,促进食欲和人们的交流。

热炒和大菜整桌席面上的重头戏、主打歌,宾客食用的主要部分,不仅量大,质量上要求也非常高,菜肴之间起伏变化,层次有序。

热炒上菜快捷,菜品清淡素雅,往往由爆、炒、烹、熘等快速烹调法制作而成。

大菜也叫大件,原料选用高档山珍海味、优质名品、整形整料,是筵席的"台柱子"。大菜中的第一道菜也叫头菜,往往由龙虾、鲍鱼、鱼翅等领衔上菜,代表着筵席的水准和档次。烹饪时特别讲究火功和滋味,造型气派。

从内容上看,大菜由头菜和其他烧、焖、蒸、炖、烤等制作的工艺菜以及小点心、甜菜、汤羹等组成,质优量多,以显示筵席的规格。

甜菜是热炒和大菜之后上的一道菜,个别大宴也有上2~4道的,原料用肉、蛋或者果蔬,冷热随着季节变化而改变,烹调方法以拔丝、蜜汁、挂霜、炖、蒸为多,起到调换口味、解腻醒酒的作用。一般甜菜上桌说明热菜已经上齐了。

筵席的尾声是饭菜、茶果、点心、茶或者咖啡等。品种多样,筵席档次越高对其要求的精致程度越高。水果帮助解腻消食,水果拼盘已经成为筵席上的主要形式。茶和咖啡可使筵席席面上其乐融融。在招待外宾的筵席上还可以根据需要增添各种冰激凌和冷饮。点心品种以糕、饼、酥、卷、片、饺、角、面、饭、粥为主,要求精致小巧,品种新奇,每位客人约100克,不宜过多。

第三节　筵席的成本设计

在实际工作中,宴席成本的计算有两种形式:一是标准宴席的成本核算。这种计算形式是在掌握单一成本核算的方法以后,将组成宴席的各种菜点的原材料成本相加,所得总值即该宴席的成本。二是预订宴席的成本计算,对于客人预订宴席的成本计算,应按照预订宴席的规格要求、费用标准、参宴人数、筵席时间、结算方式及相应的成本等,计算宴席的成本、各类菜点的成本以及各道菜肴的成本。首先根据宴席的规格要求和费用标准及规定的毛利率,计算宴席总成本和单位成本。然后根据宴席成本、等级和各类菜点成本所占的比重,计算各类菜点总成本和单位成本。最后确定每桌菜点品种和个数,并分别计算出各个品种的成本。各菜点品种的成本之和,应与宴席成本相一致。

一、筵席成本设计的原则

为了规范筵席成本控制的过程,充分发挥筵席成本控制在管理中的作用,筵席成本设计必须遵循以下几项原则。

(一)遵守财经规律,规范成本开支标准

成本设计是一项重要的会计管理工作。在进行具体设计时,必须严格遵守国家财经制度和纪律,一切筵席成本开支应与国家财经管理部门规定的成本开支范围保持一致。对于与筵席成本无关的各项开支,一律不得列入,防止人为地虚增成本,主观调节利润现象的出现。

(二)健全筵席成本核算原始记录

筵席生产经营过程的原始记录是直接反映其生产经营活动的原始资料。它较为直观地反映筵席在生产过程中原材料、人工、费用的情况,具有较强真实性和客观性,是筵席成本控制过程中的第一手资料,是筵席成本设计工作的基础。

在筵席成本设计过程中,利用已建立起来的原始记录反应体系,对筵席活动中发生的各项业务进行细致全面的记录,及时根据成本费用的变化动态,正确归类和

集中相关费用,为后续的成本控制和核算提供有力的信息资料支持。

(三)专业核算与群众核算结合

专业核算群众化,是指将筵席成本设计工作落实到每个人、每个岗位上。众所周知,筵席成本控制工作离不开广大员工和管理人员,如果没有"群众的支持",筵席成本的专业核算只不过是空谈而已。同时群众核算又必须以专业核算为前提,也就是我们所讲的群众核算专业化,这个专业化主要指群众核算的科学性和目的性。在群众进行筵席成本核算时,同样是借助相同的会计核算原理对同一成本核算业务进行反应,两点有程度上的差异,而不存在本质的不同。这种筵席成本设计方式是民主理财的重要体现。

(四)定额管理、控制原材料成本

为了控制筵席生产过程中各项成本费用的消耗,建立定额管理制度,成为降低成本消耗水平的又一途径。所谓定额,就是企业管理者从企业内部实际消耗情况出发,结合行业整体水平而制定的一种具有挑战性的成本消耗数额或金额。它具有较强的先进性,是参与筵席成本考核、分析产品成本水平的重要依据。利用定额制度有利于调动生产、管理人员工作积极性、实现多环节、全方位控制核算成本的目的,为防止筵席生产过程中乱领乱用、违规操作、盲目生产做科学的准备。

二、筵席成本设计的要求

(一)集中精力,抓住主要成本

在原料采购方面,减少中间环节,供销直接见面,降低各项采购费用。为确保采购质量,应对供货商实行"宽严并济"的政策。每月定期报账结账,绝不拖欠,谓之"宽";以次充好、缺斤少两,少则罚十、重则罚百,谓之"严"。如若不服处罚,则终止供货关系。在内部管理上,所有人员均不得与供货商建立私人关系,坚决杜绝回扣现象。对原料进行全面综合的使用,做到"刀下留钱",即边角料也不浪费。

(二)加强内部管理、控制人工费用

各部门实行工资总额包干,充分调动每个员工的积极性。借鉴"市场成本否定法",强化人员管理,并将个人业绩与其利益挂钩,使广大员工明白:只有提高效率才有出路。在收入结构上,采取低工资、高奖金的办法,这样既考虑了筵席经营季节性,又牢牢控制了成本,同时调动了员工积极性。

(三)严格控制水电费用消耗

做到滴水不漏,滴电不跑。在筵席生产经营过程中,从办公室到操作和服务现场都一一分设水表和电表,谁的水长流、灯长亮,就罚谁。把费用控制工作落实到最细微之处。

(四)利用数理统计指标,科学控制物料器皿费用消耗

按营业收入的千分之三为损耗率,这是按数理统计正态分布规律而制定的标准。在客源分析上,对婚宴、团体、会议等集体性质的餐饮活动进行全方位的分析,密切关注各类客源的升降动态,灵活调整营销策略,为成本控制服务。在日常化检查上,把重点放在垃圾桶的检查上,凡发现浪费原料的情况,除在晨会上曝光批评外,还要进行相应的经济处罚。在激励制度上,做到赏罚分明。

三、筵席成本设计注意事项

(一)加强日常核算,控制目标成本率

筵席目标成本率确定以后,就必须加强日常成本核算,及时检查和监督实际成本是否偏离目标成本。如果偏离成本,要查出原因,及时采取相应措施给予调整。日常成本核算的主要程序包括以下几个方面。

1.筵席厨房当天需要直接采购领用的原材料(蔬菜、肉食、家禽、水果、水产品、海鲜)必须在前一天下午,补货的必须在当天中午以前。由厨房填制《市场物料申购单》,经厨师长审核后,交采购员按照要求组织进货,一联交收货组按采购单上的数量、质量要求验收,并由餐饮部派厨师监督验收质量。如有不符合要求,必须当天提出退货或补货。验收合格后填写《收货单》,每天营业终后加计《收货单》,填制《厨房原材料购入汇总表》。

2.筵席厨房到仓库领用的原材料(干货、调味品、食品等),由各厨房根据当天的需要填制《仓库领用单》,报厨师长审批后,凭单到仓库领取。仓库保管员审核手续齐全后,按单发货。每天营业结束后加计《仓库领用单》,填制《餐饮原材料领用汇总表》。

3.每次筵席结束后由筵席厨房领班对存余的原材料、调料、半成品进行一次盘点,并填制《厨房原材料盘存日报表》,由厨师长审核后进行汇总。

4.筵席厅各吧台酒水员每天营业结束后根据《仓库领料单》和《酒水销售单》,填制《酒水进销存日报表》。

(二)做好成本分析,堵塞浪费现象

计算出《餐饮成本日报表》后,分析筵席实际成本率(食品、酒水、香烟、海鲜等)是否与之前确定的目标分类成本率相符。如有偏差,应及时找出原因,并提出解决办法。如因菜肴配料不准而引起成本率较高,应做好厨房配料计量的监督和复核。如因原材料进价变动引起成本率偏高,应查明原材料进价变动是否正常,如正常应及时调整菜价。如原材料存货盘点不准和半成品计价有误,应及时纠正,制定正确的半成品计价标准。如人为原因造成原材料的损耗和浪费,引起成本率偏高,应对责任人给予适当处罚。同时对厨房的存货情况进行分析,对存量较大、存储时间较长的原材料要建议厨房少进或不进。每周写出筵席成本分析报告。

每周召开一次成本分析会议,由采购员、厨师长、筵席厅经理、财务经理参加。汇报在原材料采购、使用过程中存在的问题,在成本核算和控制中需要完善和加强的地方。对日常成本的控制和核算,可以合理控制进货,防止原材料的积压和浪费,提高原材料的利用率和新鲜度。防止厨师配人情菜,真正做到货真价实。同时可以及时发现问题,堵塞漏洞,减少浪费,杜绝不正之风,增加效益。

四、标准筵席的成本计算

(一)已知筵席成本的计算方法

这种计算形式是在知道单一餐饮产品后,将组成宴席的各种菜点的原材料成本相加,所得总值即为该筵席的成本。

其计算公式为:

筵席成本=菜点1+菜点2+…+菜点(n)成本

【例1】普通筵席一桌,计有四个冷盘、四个热炒、五个大菜、一道点心、一道甜汤。各菜点的成本为:白鸡9元,香肠13元,皮蛋8元,黄瓜3元,爆墨鱼卷18元,爆腰花16元,炸三丝卷14元,熘鱼片16元,海参鹌鹑蛋38元,酿冬菇14元,香酥鸡22元,清蒸武昌鱼32元,橘瓣鱼丸汤18元,佛手包5元,银耳果羹13元。试计算该桌宴席的成本为多少元?

该桌筵席成本=9+13+8+3+18+16+14+16+38+14+22+32+18+5+13=239(元)

【例2】某筵席有4种点心。其中A点心,主料成本12元,辅料成本8元;B点心,用面粉500克,单价2.4元/千克,黄油100克,单价28元/千克,其他辅料成本为4元;C点心,用熟苹果馅300克,已知苹果进货单价为5元/千克,熟品率为60%,其他原料成本共计8.5元;D点心,原料总成本为20元。试求此宴席的点心成本。

各种点心的原料成本为：

A 点心成本＝12＋8＝20(元)；B 点心成本＝2.4×0.5＋28×0.1＋4＝8(元)；C 点心成本＝5×(0.3÷60％)＋8.5＝11(元)；D 点心成本＝120(元)

点心总成本为：

点心总成本＝20＋8＋11＋20＝59(元)

(二)预订筵席的成本计算

1.根据筵席的规格要求和费用标准及规定的成本率，计算出宴席总成本和单位成本。

筵席总成本＝筵席总售价×成本率＝筵席总售价×(1－销售毛利率)

2.根据筵席成本及等级(普通、中等、高等、特等)和各类菜点成本所占的比重，计算各类菜点的总成本和单位成本。

某类菜点总成本＝筵席单位成本×该类菜点所占的比重

筵席单位成本＝该类菜点成本÷宴席桌数

3.确定每桌筵席的菜点品种和个数，并分别计算出各个品种的成本。

各菜点品种的成本之和应与宴席总成本相一致。

第五章

筵席的制作要求

第一节 筵席原料的配伍要求

一、筵席选用原料的原则

(一)筵席菜肴原料应选用市场上容易采购的原料

筵席菜肴原料应选用市场上容易采购的原料,货源充足,便于采购,不易采购的原料最好不要选择或少选择,以保证采购方便,保证原料供应。

(二)选用易于储存,易于烹调加工的原料

餐饮企业,特别是大型餐饮企业一次性采购原料较多,所以选用的筵席原料要便于储存。另外,要易于烹调加工,以保证工作效率及出菜速度。

(三)筵席原料要能保持和提高菜肴质量水准

原料的质量在一定程度上决定了菜肴的质量,比如新鲜度、嫩度、选材的部位等对菜肴的质量都有较大的影响。

(四)选用物美价廉且有多种利用价值的原料

菜肴的成本高低是决定筵席利润的主要因素,要选用物美价廉的原材料。原料的选择还要选择有多种利用价值的原料,能最大限度地利用,做到物尽其用,降低损耗率,降低成本。

(五)选用的原料对人体健康无毒无害,没有安全卫生问题

为防止食品污染,食物中毒,原料的选择要做到无毒无害,没有安全卫生问题,要保证食品的卫生质量,以保护食用者的健康。

(六)不选用质量不易控制的原料

有的原料质量不易控制,每批次之间质量差异较大,或者特别容易变质的原料

不要选择,否则容易导致菜肴质量下降或波动过大,影响餐饮企业的信誉。

(七)不选用顾客忌食的原料

提前和顾客沟通,了解客人有哪些原料忌食,选择原料时尽量避免。

(八)不选用绝大多数人不喜欢的菜品

绝大多数人不喜欢的原料不要选择,以符合大多数群体的需要。

(九)不重复选用原料

在整桌筵席中要尽量避免原料重复,特别是主料,保证原料的多样性、口味的多变性。

二、筵席菜点原料配伍要求

(一)随价配菜,讲究品种调配

随价配菜就是"质价相称""优质优价"。一般来说,高档筵席,原料精细,价格较高;普通的筵席,原料粗糙,价格便宜。如果筵席宾客较少,价格又高,就应该多选好料精料制作高档菜肴。如果筵席宾客较多,价格又低,就应该安排普通原料,制作大众化菜肴,保证每位客人吃饱、吃好。售价是原料选用配伍的依据,既要保证企业的合理收入,又不让顾客吃亏。

选用多种原料,适当增加素菜料的比例;名特菜品为主,乡土菜品为辅;多用造价低廉又能烘托席面的高利润菜品;巧用粗料,精细烹调;合理安排边角余料,物尽其用。

(二)因人配菜

因人配菜就是根据宾客的国籍、民族、宗教、职业、年龄、体质以及个人嗜好和忌讳,灵活安排菜式。

我国民族众多,幅员辽阔,各地特产不同,口味不同,饮食习惯不同,筵席原料的选用也要不同。筵席菜肴原料的选择要特别注意客人的民族和宗教信仰。比如,信奉喇嘛教的禁鱼虾,不吃糖醋菜;信奉伊斯兰教的禁血生、外荤等。汉族人有"南甜北咸、东淡西浓"的偏好。体力劳动者喜爱浓厚,脑力劳动者喜好清淡,老年人喜欢软糯,孕妇喜欢酸味,年轻人喜欢酥脆。

(三)应时配菜,突出地方特产

"应时配菜"是指筵席选料要符合节令的要求。原料的选择、色泽的变化、口味的调配要根据气候不同而变化。

要注意选择应时当令的原料。原料的生长都有生长期、成熟期和衰老期，只有在成熟期才能质地可口，滋味鲜美，最适宜食用。例如，鲥鱼食用在端午前后，甲鱼是 6～7 月，鳝鱼是在小暑前后，鳜鱼在 2～4 月等。

(四)营养平衡

人们进行饮食主要是用来补充营养，调节人体机能。筵席在配置时要做到平衡膳食。所谓平衡膳食是指人们从膳食中获得的营养物质与维持正常生理活动所需要的物质，在量和质上基本一致。

配置筵席原料，要多从宏观上考虑整桌菜点的营养是否合理，而不能单纯累计所用原料营养的含量；合理的膳食结构中，碳水化合物应占 60%～70%，脂肪含量应占 17%～25%，蛋白质的含量应占 12%～14%；成人每日摄取的总热量应在 2200～2800 千卡之间。筵席膳食中也要供应相应的矿物质、维生素和纤维素。

(五)经济实惠

选料时尽量降低筵席成本，不能崇尚奢华，也不能造成浪费。原料的搭配应从节约的角度出发，争取以最小的成本，取得最好的效果。

(六)原料的选择应与产品风味相适应

主料、配料、调味料的选择根据产品烹制要求确定。选择原料的部位准确，用料合理，数量充足。

三、筵席原料选用注意事项

(一)选料应符合本地区人们的饮食风俗、饮食习惯、饮食爱好

不同地区的人们有不同的饮食风俗和饮食习惯，对食物原料的选择也有不同的要求。因此，筵席中原料的选择要尽可能符合当地居民的饮食爱好，选择顾客喜欢食用的原料，投其所好，会收到极大效果。

(二)根据不同性质筵席应用的特定需要与忌讳选择原料

由于筵席的主题性质不同，因此在选择原料的时候要注意筵席的主题性质，合理选用符合主题的原料，如婚宴，要选择喜庆红色的原料，不宜选用豆腐等白色的原料；老人寿宴要选用一些象征长寿的原料和比较容易咀嚼和消化的原料等。

(三)根据不同地区、不同民族、不同国家人们的饮食风俗习惯和饮食禁忌,有针对性地选择原料

由于不同地区、不同民族、不同国家人们的饮食风俗习惯和饮食禁忌不同,因此,在选用原料时,要了解客人的饮食禁忌,以免造成不必要的误会,甚至民族争端,如伊斯兰教的人不食猪肉,印度人不食牛肉等。

(四)根据应时原料价格及特性选择原料

筵席原料的选择还要根据原料的价格和特性来有目的地选择,在开原料购物单时,要根据筵席规格的大小,选用市场合理的原料价格,不选用价格过低或过高的原料,以保证筵席的成本核算。

(五)正确处理好宴饮对象共同喜好与特殊喜好的关系

设计宴席菜单前,还要打听顾客有无特殊喜好,如妇女儿童比较喜食甜食;如四川人比较喜食麻辣;特别是有的客人或很重要的客人,要摸清喜食爱好。

(六)原料选择的数量安排合理

筵席原料数量的选择要和就餐的人数相适应,菜肴的数量要合理。同样,一道菜的数量也要合理,数量过少,不够食用;数量过多,造成浪费,特别是一些高档的原料,在数量上要少而精,以满足顾客的需要。

(七)地方风味特色和季节性要鲜明

筵席的原料特色还要体现季节性,也就是菜肴的时令性,要根据季节的变化,选择当时季节盛产的原料,选用当地的特色原料,体现地方特色,体现地方的饮食文化,满足顾客对地方美食的需求。

(八)菜品原料的搭配体现多样化的要求

筵席原料的选择还要体现多样化,除非是一些全席,一般筵席,要注意原料尽可能不重复使用,便于原料在色彩上的搭配、质地上的搭配以及形态上的搭配,有利于筵席的效果。

(九)整桌菜点体现合理膳食的营养要求

在现代讲究合理营养的状态下,还要注意筵席菜肴的营养搭配,因此,原料的选择要根据原料的性质合理选用原料,特别是一些食疗保健菜肴,更要选择合适

的,符合菜肴要求的原料,以保证筵席的合理膳食要求。

(十)烹饪原料能保证供应,便于烹调操作和接待服务

筵席原料的选择,还要考虑到便于烹调操作,方便加工,及时运用,对那些加工较复杂,费时费力的原料,在不得已的情况下,尽可能少用。

第二节　筵席菜点的配伍要求

一、筵席菜点配伍的原则

筵席通常由茶、凉拌菜、头盘（烧卤拼盘或刺身）、汤、热菜、主食、点心、水果及酒水等组成。筵席菜点配伍是否恰当，对顾客的满意程度及酒楼的营业额、利润都有直接的影响。筵席菜点配伍原则应掌握以下几点。

(一)掌握"六知"和"三了解"

"六知"：知台数、知人数、知主人身份、知筵席性质、知筵席标准、知开餐时间。"三了解"：了解客人的特别要求、了解客人的嗜好、了解客人的习惯。

筵席设计前只要掌握好"六知"和"三了解"，就能心中有数，如客人每次来店消费额都很高，就不能推销低价菜；如客人是讲排场的，就要点大体的造型好的菜式，如客人是赶时间的，就要灵活应变，不要点制作方法比较复杂的菜式等。

(二)菜名吉祥、典雅、成双忌单

客人到高级酒楼设筵，一般都具有喜庆、谈商、会友等性质。客人赴宴的心情都是愉悦畅快的，在点菜时给客人推荐的菜名要吉祥典雅，如是喜庆筵席，菜名要体现喜庆的气氛；如是商务宴请，菜名要体现友谊及生意兴隆的特点等；如是寿宴，忌点牛肉、冬瓜、豆腐等菜式；如是白事宴，通常点七个菜，忌点汤。

(三)注意季节变化及时令菜式

按一般的规律和习惯，夏秋季节天气热，人们喜欢清淡一点的菜肴，冬春季天气较冷，则喜欢浓郁热汤类的菜式，如各式野味、火锅等；夏天，出冻的甜品或果汁、甘蔗水；冬天，就得出热饮、热果汁。在菜肴上冬天宜点一些煲仔类菜肴或锅仔类菜肴，这样菜不易凉且暖和。

(四)注意形状的配套

菜肴主辅料，丁配丁，丝配丝，块配块。在整桌菜肴中也要考虑各个菜形状的协调,如一桌菜不要点2个或2个以上的丁类菜。例如,西芹腰果炒鸡丁、金牌小炒皇在一张菜单里就不会很好。

(五)注意烹调方法的配套

组成一席菜烹调的方法应选择多种。不同烹调方法可以使菜肴产生不同风味、不同形状。若只使用一两种烹调方法,菜肴的用料虽不同,但其色香味形会相似而显得单调。因此,力求菜式的烹调方法不要相撞,根据顾客的口味和原材料,灵活给客人推荐多种烹调方法。例如,菜单里已有香煎银雪鱼,就不要再点一个香煎法国鹅肝或广式煎鱼嘴。

(六)赋予色彩的变化与荤素的搭配

一桌筵席所安排的菜肴色彩要协调,菜与菜之间的颜色要各有不同,菜肴的荤素搭配要合理。荤菜多了就会使人觉得腻口吃不动,素菜多了又会使人感到索然无味,会冲淡筵席的气氛。一桌恰到好处的筵席应尽量推荐本店的特色菜及厨师的拿手菜,这样既能宣传本店的特色,也是一种扬长避短的好方法。

(七)注重口味的整体配合

筵席菜肴的质量关键在于口味的配制,尤其在于整体口味的配合。所谓整体口味的配合,是指菜肴的本味分别具有酸、甜、苦、辣、咸、鲜等。在推荐菜式时,要注意运用菜肴的不同味型,尽量少重复为佳。例如,点了阿一鲍鱼,一般就不要推荐鲍汁土豆、红烧鱼翅等系列在口味上都类似的菜品。

(八)整体组合编列要协调、恰当

在制定菜单时,除了要掌握荤素兼顾、浓淡相宜、营养搭配合理的原则外,还要注意菜单组合编列要协调、恰当,冷热菜、荤素菜的比例要合适。上席时,相同原料的菜肴要间隔上,相似形状的菜肴要间隔上,相似口味的菜肴要间隔上,使筵席具有层次感。这一点也是管理人员很容易忽略的一点,但客人在用餐时会感触很深。

(九)注意菜肴分量、档次搭配

10~12人用的筵席一般点8~10道菜,热荤菜用中盘,鸡类点1只,件计的菜肴每人1件,汤类要够每人分1碗,下酒的菜和下饭的菜肴搭配适当。整桌菜的档次要搭配合理,例如,不能在鲍翅宴的筵席配上1道清蒸福寿鱼等。一桌筵席里面,药材菜最多1~2道。婚宴或普通的聚餐,按件的菜肴(普通档次一般的)可以多出2件,例如,金牌蒜香骨,10人用,可以出12件,否则一上桌,每人一件,盘子即空。主宾想多吃一件都没有。但档次高的元贝就不用多出，可以直接分到宾客骨碟里。

(十)根据客人的就餐目的,灵活推销菜式

商务宴请:突出菜肴的丰盛、大方得体。品尝宴:突出菜肴的风味,以别具特色的地方风味菜为主。约会宴:突出菜肴的香、甜和味。便餐:比较经济实惠。聚会餐:要求菜肴比较怀旧、整齐大方等。

二、筵席菜点配伍要求

(一)冷菜类的配伍要求

1. 单碟的配置

单碟又称"独碟",是指由一种冷菜装成的冷碟。单碟有元宝碟、平围碟、弓桥碟、条形碟、菱形碟等形式,一般用5~7英寸的圆盘或腰盘盛装,每份的净料约100~150克。整桌宴席的技法、色泽、口味、原料避免重复,荤素搭配各半或荤菜多素菜少。用于一般宴席,4~8道一组,先于热菜上桌。在中高档宴席中,单碟要与主碟同上,则称"围碟"。

2. 双拼的配置

双拼,又名"对镶",是由分量相当的两种冷菜拼成的冷碟。这类冷碟在用料、形状和色泽上都应协调,还须讲究口味和质地的配合。味型丰富色泽和谐、刀面协调、质地多变,是双拼的基本要求。双拼通常选用7~9英寸腰盘或长方盘盛装,盛器的规格统一。每盘用约150~200克净料,一般是一荤一素。常用4~6道一组,应用于中低档宴席中。

3. 三拼

三拼,又称"三镶",是由分量相当的三种冷菜拼成的冷碟。注重色泽、口味、质感和刀面的配合。选用腰盘、圆盘,直径8~10英寸。每盘的净料在200~250克左右,三种原料大体均衡。三拼选料精,档次高,更讲究色、香、味、形、器、质的配合,多是4~6道为一组,应用于中高档宴席。

4. 什锦拼盘

什锦拼盘,又称"什锦大拼",是将多种类别、味型和色彩的冷菜拼制在一个器皿中的大型冷盘。刀面精细、构图匀称。盛器用腰盘、圆盘、攒盒等。什锦拼盘通常用8~12种冷菜,色泽、口味、质地要尽量错开,摆放呈轴对称或中心对称,各部分都要切成相近的刀口,分量大体均衡。多用于中档筵席。

5.花色拼盘

花色拼盘又称花碟、彩拼、工艺冷碟或看盘。它运用装饰艺术和精细的刀工在盛器中拼摆山水、花鸟等图案,用12英寸以上的圆盘、腰盘、方盘或异形盘盛装。花色拼盘的设计包括立意、命名、选料、构图、定型等方面,必须与筵席的主题一致。原料的规格与工艺的难易应根据宴席档次确定。围碟是主碟的陪衬,一般用5~6英寸小碟盛装,拼装时根据主碟的要求确定造型。

主碟与围碟的配套,一般是一个主碟带4~8个围碟,高档宴席可以是一个主碟带8~12个围碟。评判标准是:选题得当,图案新颖,寓意鲜明,刀工精细,用料丰富,搭配合理,色调和谐,造型生动,滋味多变,清洁卫生。一般来说,主碟以观赏为主或观赏与食用并重,围碟以食用为主。

(二)热炒大菜的配伍要求

1.热炒菜的配置

这类热菜的用料多为动物性原料,取细嫩质脆的部分,植物性原料选用较少,热炒菜原料的形状较小,多为丁、丝、条、片、丁等形状,或剞过花刀的小块形原料。热炒菜的用量为300克左右。其盛器用腰盘或平盘,直径8~10英寸。热炒菜的烹调技法主要有爆、炒、炸、熘、烹等旺火速成技法。菜肴的特点是成菜迅速、口味多样,口感脆嫩爽口。

在菜单设计时,要注意菜式多样化,各道菜肴要避免色、香、味、型、质上单调重复,特别是味型要有层次。一般2~6道为一组,在冷盘进行完后,上完头菜、大菜后再上,或者在冷菜进行完后上桌,先上热炒菜再上头菜、大菜。上菜时注意先后顺序,高档原料先上,中低档的后上;口味清淡的先上,醇厚的后上。

2.头菜的配置

头菜,是指筵席中规格最高的菜品,常用烤、扒、烩、蒸等技法制作,排在所有大菜的前面,统率全席。不少筵席的名称是根据头菜的主料命名的。例如,头菜是鲍鱼,就叫鲍鱼席。头菜是鱼翅,就叫鱼翅席。头菜等级高,大菜和热炒菜的等级也高;头菜等级低,大菜和热炒菜的等级也低。

头菜在配置时要注意以下几点:第一,头菜的主料应该是名贵原料或者是普通原料的优良品种,菜肴成本约占热菜总成本的1/5~1/3。比如,成本为800元的酒席,热炒菜的成本约为560元,头菜成本约为120~180元,头菜成本不可过高或过低。第二,头菜应与筵席的性质、规格、风味相协调。第三,头菜地位要醒目,盛器要大,如大盆、大盘、大碗等,一般在12英寸以上,适宜用整形原料制作或者用大件拼装,注重造型,装盘丰盛。

3.热荤菜的配置

热荤菜多由鱼虾、禽畜、蛋奶类原料和山珍海味类原料制作,与素菜、甜菜、汤羹构成筵席正菜。

热荤菜的用料应根据筵席规格确定,要低于头菜。各道菜肴之间要搭配合理,原料、口味、质地和烹调技法避免重复,协调搭配。热荤菜的上菜顺序,通常是将炸烤菜置于头菜后面,再安排山珍海味或畜禽类和蛋奶类。

在热荤菜上菜中,可穿插1~2道点心或甜菜,然后安排素菜、鱼类菜和汤菜。热荤菜的制作可以灵活选用烧、焖、蒸、炸、氽、烩、扒等技法。热荤菜的分量每份750~1000克,整形热荤菜用量不受限制,越大越显气派。

4.甜菜的配置

甜菜,是指一切甜味菜品。品种较多,有干稀、冷热、荤素、高低的不同。甜菜的用料多选用蔬菜类、菌类、畜肉类、蛋奶类。高档的有燕窝、蛤士蟆等,中档的有火腿等。甜菜的制作方法主要有拔丝、蜜汁、挂霜、蒸烩、煎炸、冰镇等。甜菜应用于宴席中,可起到改善营养、调剂口味、增加滋味、解酒醒酒的作用。每桌宴席配甜菜1~2道。

5.汤菜的配置

筵席的汤菜按中式筵席的整体结构划分,有首汤、二汤、座汤和饭汤等。其中,用作大菜的只有二汤和座汤。

(1)二汤

二汤发源于清代,因其在大菜中排在第二位,故名二汤,比如清汤燕菜等。二汤大多由清汤制作,使用头碗盛装。如果头菜为烩菜则二汤可以省去;如果头菜为烩菜,二菜为烧烤,那么二汤就后移到第三位。

(2)座汤

座汤是筵席中规格最高的汤菜,通常排在大菜的最后面,行业中称为"压座菜"或"镇席汤"。座汤的规格一般都较高,有时可用整只的鸡、鸭、鱼、鳖等,有时用名贵配料,比如虫草等。

(三)饭菜蜜果的配伍要求

1.饭菜的配置

饭菜,又称"小菜",与冷碟、热炒、大菜等下酒菜相对,是指饮酒后用于佐饭的菜肴。这类菜肴多由节令炒菜与名特酱菜、泡菜、糟菜、风腊鱼肉组成,如乳黄瓜、泡菜、风鱼、青方等。饭菜2~4道为一组,常用4~5英寸小碟盛装,于座汤之后上席。筵席菜肴丰盛的,有的不配饭菜。

2.席点、小吃的配置

(1)席点

席点即筵席点心。2~4道一组,随大菜或甜品编排在各类宴席中。品种有糕、酥、卷、角、皮、包、饺等,常见制作方法有蒸、煮、炸、煎、烤等。筵席点心多运用分份式的形式,每份用量不宜过多。

筵席点心的设计,一要与菜肴的质量相匹配,与筵席的档次一致;二要与筵席的形式相适应;三要考虑季节性;四要考虑与菜品之间口味、质地的配合;五要考虑席点形态的变化,筵席档次越高,点心越要做得精细,注意点心之间的合理搭配;六要按当地的饮食习惯安排上菜顺序,筵席点心既可以化整为零,穿插于大菜之间,也可以一同上桌。

(2)小吃

普通筵席一般不配小吃,风味筵席很重视。小吃大多排在大菜之后,充当主食。配置的小吃应当是当地名特品种,一般1~2道。

3.果品的配置

筵席果品主要是指新鲜水果,一般经加工处理,拼摆成图案的配置,每席配置1~2道,一般选用时令水果,清口开胃、解腻醒酒。

配置时根据筵席题材配置,比如寿宴配置蟠桃、百合、银杏等;喜庆宴席配置鸭梨、金橙;婚宴配置红枣、桂圆、莲子、花生等。

4.果脯蜜饯的配置

蜜饯产于南方,是由糖、蜜和中草药腌制而成,呈甜咸味或药味;果脯产于北方,多用糖水熬煮后烘干,上有糖霜,不带黏汁,呈甜酸味。配置果脯蜜饯,一般用3~4英寸小碟盛装,4道一组,用于席前或席后。

(四)筵席菜点配伍注意事项

筵席菜点的配伍设计,通常有确定菜单设计的核心目标、确定筵席菜品的构成模式、选择宴席菜品、合理排列宴席菜品及编排菜单样式五个步骤。

1.确定筵席设计的核心目标

筵席的核心目标是由筵席的价格、筵席的主题及筵席的风味特色共同构成的。设计筵席菜点配伍必须明确筵席的核心目标,待核心目标确定后,再逐一实现其他目标。

2.确定筵席菜品的构成模式

筵席菜品的构成模式即筵席菜品的格局。现代中式筵席的结构主要由冷菜、热炒大菜和饭点蜜果构成。虽然各地的排菜格局不尽相同,但同一场次的筵席绝大多数是根据当地的习俗选用一种排菜格局。

确定筵席排菜格局,必须根据筵席类型、就餐形式、筵席成本及规划菜品的数目,分出每类菜品的成本及具体数目。在此基础上,根据筵席的主题及筵席的风味特色定出一些关键性菜品,再按主次、从属关系确定其他菜品,形成筵席配伍的基本架构。

为防止筵席成本分配不合理,在选配筵席菜点前,可先按筵席的规格,合理分配整桌筵席的成本,使之分别用于冷菜、热菜和饭点蜜果。通常情况下,其成本比例大致为:10%～20%、60%～80%、10%～20%。在每组食品中,又必须根据筵席的要求,确定所用菜点的数量,然后,将该组食品的成本再分配到每个具体食品中去。每个食品有了大致的成本后,就便于决定使用什么质量的菜品及其用料了。尽管每组食品中各道菜点的成本不可能平均分配,有些悬殊很大,但大多数菜点能够以此作为参照依据。

3.选择筵席菜品

筵席菜品的选择,应分清主次详略。第一步考虑宾主的要求,凡答应安排的菜点,都要安排进去。第二步考虑最能凸显筵席主题的菜点,显示筵席的特色。第三步考虑饮食民俗,当地同类酒席常用菜点,要尽量安排上,以显示地方风情。第四步考虑筵席中的核心菜点,与筵席的规格、主题及风味特色等联系紧密。这些菜点确立后,其他菜点就可以相应安排了。第五步发挥主厨特长,推出拿手菜点,或本店名菜、名点、名小吃。第六步要考虑时令原料、安排刚上市的土特原料,突出筵席的季节性。第七步要考虑货源供应情况,安排一些物美价廉而又便于调配花色品种的原料,以便于平衡筵席成本。第八步要考虑荤素菜肴的比例,不可忽视素菜的安排,让素菜保持合理的比例。第九步要考虑汤羹菜的配置,注重整桌筵席的干稀搭配。第十步要考虑菜点的协调关系,以菜肴为主,点心为辅。

4.合理排列筵席菜品

筵席菜品选出之后,还须根据筵席的结构,参照筵席的售价,进行合理筛选或补充,使整桌菜点在数量和质量上与预期的目标达成一致。

菜品的筛选或补充,主要看所用菜点是否符合办宴的目的与要求,所用原料是否搭配合理,质价是否相称。对于不太理想的菜点,要及时调换。

第三节　筵席制作的人员要求

一、筵席制作人员的素质要求

(一)行政总厨的素质要求

1. 有强烈的工作责任心及高尚的职业道德。
2. 大专以上学历,受过专业技术训练、厨房管理以及营养方面的专业培训。
3. 外语中级以上对话水平。
4. 10年以上厨师长工作经验,有丰富的实际操作经验。
5. 精通厨房各工种的操作,具有国家级高级技师等级证书。

(二)中餐厨师长的素质要求

1. 有强烈的工作责任心及事业心。
2. 烹饪专业毕业,经过营养配餐的专业技术培训。
3. 中级外语水平。
4. 有5年以上厨师长管理经验。
5. 技师证书,掌握各种烹饪技术。

(三)中餐热菜领班的素质要求

1. 有较强的工作责任心,有一定的管理能力。
2. 烹饪专业毕业,经过营养配餐的专业技术培训。
3. 中级外语水平。
4. 5年以上中餐厨房工作经验。

(四)中餐热菜厨师的素质要求

1. 热爱本职工作,对工作认真负责。
2. 有中级中式烹调师证书。

3. 初级外语水平。

4. 3年以上中餐热菜工作经验。

5. 烹饪专业毕业,经过营养配餐的专业技术培训。

(五)中餐砧板厨师的素质要求

1. 热爱本职工作,对工作认真负责。

2. 有中级中式烹调师证书。

3. 初级外语水平。

4. 3年以上中餐砧板工作经验。

5. 烹饪专业毕业,经过营养配餐的专业技术培训。

(六)中餐冷菜厨师的素质要求

1. 热爱本职工作,对工作认真负责。

2. 有中级中式烹调师证书。

3. 初级外语水平。

4. 3年以上中餐冷菜工作经验。

5. 烹饪专业毕业,经过营养配餐的专业技术培训。

(七)中餐面点领班的素质要求

有3年以上中餐面点工作经验。其他素质与中餐热菜领班相同。

(八)中餐面点师的素质要求

与中餐面点领班的素质要求相同。

(九)西餐厨师长的素质要求

1. 有强烈的工作责任心及高尚的职业道德,对工作认真负责。

2. 受过专业技术训练、厨房管理以及营养方面的专业培训。

3. 中级以上外语水平。

4. 3年以上西餐厨师长工作经验,精通西餐烹饪知识,全面掌握西餐制作技法。

5. 在行业上有一定的知名度,具有国家高级技术职称证书。

(十)西餐厨师领班的素质要求

1. 热爱本职工作,对工作认真负责。

2. 高中以上文化程度,烹饪专业毕业。

3. 中级以上英语水平。

4. 有 5 年以上西厨工作经验。

5. 有中级烹饪证书,经过营养配菜的专业技术培训。

(十一)西餐厨师的素质要求

1. 有强烈的工作责任心。

2. 烹饪专业毕业。

3. 初级以上英语水平。

4. 有 2 年以上西厨工作经验。

5. 有中级烹饪证书。

(十二)西饼厨师长的素质要求

1. 熟悉西饼制作的基本技术和生产流程。

2. 能操作西饼厨房的所有设备。

3. 热爱本职工作,对工作认真负责。

4. 中专以上学历。

5. 中级英语水平。

6. 有 8 年以上西饼工作经验,2 年以上西饼厨师长经验。经过营养配餐的专业技术培训。

(十三)西餐面点领班的素质要求

与西饼厨师长的素质要求相同,有 5 年以上西餐面点工作经验。

(十四)西餐面点师的素质要求

1. 具有强烈的工作责任心及高尚的职业道德。

2. 高中以上学历。

3. 初级以上英语水平。

4. 3 年以上西点工作经验。

二、筵席制作人员的技术要求

(一)行政总厨的技术要求

1. 能根据企业要求制定筵席的菜单和厨房菜谱。

2. 能制定各厨房的操作规程及岗位责任制,确保厨房工作顺利进行。

3.能根据厨房原料使用情况和库房存货数量,制订原料订购计划,控制原料的进货数量。

4.能签批原料出库单及填写厨房原料使用报表,熟悉原料库存情况。

5.能合理使用原料,控制菜品的装盘、规格和数量,保证菜肴质量,减少损耗、降低成本。

6.能合理安排厨师技术力量,统筹各工作环节。

7.能组织特色食品节,推出季节菜品,增加品种,促进销售。

8.能了解菜肴销售情况,不断改进提高菜肴质量。

9.能把好食品卫生关,贯彻食品卫生法规和厨房卫生制度。

(二)中餐厨师长的技术要求

1.能在行政总厨的领导下,主持中厨房的日常工作。

2.能协助行政总厨制定筵席的菜单,根据季节变化,不断创新菜品和特色菜。

3.能监督菜肴质量,满足顾客对菜肴的要求。

4.能督导厨师的菜肴技术操作。

5.能监督厨师正确使用和维护厨房设备。

6.能合理调配技术力量。

7.能完成菜肴成本控制。

8.能监督出菜顺序和速度。

(三)中餐热菜领班的技术要求

1.能全面掌握本菜系烹饪技术,并了解其他菜系技术。

2.能协助中餐厨师长制定菜单,精通成本核算。

3.能监督厨师按程序操作。

4.能对所有原料到半成品、成品严格把关。

5.能检查炉灶、冰箱等设备的运转情况。

6.能合理调配本组员工,有培训本组员工技术和业务的能力。

(四)中餐热菜厨师的技术要求

1.能进行筵席菜肴的烹制。满足客人对菜肴提出的特殊烹饪要求。

2.能烹制各种特色菜。

3.能制作当天所需半成品配制和补充各种调料。

4.能检查烹调设备的使用情况。

（五）中餐砧板厨师的技术要求

1. 能熟练完成各种原料的刀工工作。
2. 能根据菜单熟练进行菜肴的配制。

（六）中餐冷菜厨师的技术要求

1. 能进行卤水、冷菜、拼盘及水果盘的制作。
2. 能根据每天任务情况，提前一天开出菜肴原料、水果、调料的用料数量。

（七）中餐面点领班的技术要求

1. 能进行面点成本核算，协助厨师长制定中餐供应的面点品种和售价。
2. 能完成各种面点及风味小吃的制作。
3. 能制订面点原料的采购计划。
4. 能根据季节变化及客人的口味特点制作各式点心及风味小吃。

（八）中餐面点师的技术要求

1. 能制作中式面点及风味小吃。
2. 能控制点心成本。

（九）西餐厨师长的技术要求

1. 能协助行政总厨制定西餐菜谱及菜肴价格。
2. 能给厨师的工作进行指导和监督。
3. 能合理分配厨师力量、保证菜肴质量和上菜速度。
4. 能监督、检查员工的劳动纪律。
5. 能监督下属严格按照程序操作。

（十）西餐厨师领班的技术要求

1. 能监督、安排厨师的工作。
2. 能监督、检查厨师的个人卫生和劳动纪律。
3. 能监督厨房菜肴质量。

（十一）西餐厨师的技术要求

1. 能按照菜肴的投料标准投料和烹制西餐菜品。
2. 能按照操作规程使用各种设备。

(十二)西饼厨师长的技术要求

1. 能根据筵席情况安排厨房业务,管理生产过程。
2. 能监督部署完成业务工作。
3. 能率领部署员工认真钻研技术,不断提高西饼的质量,创造新品种。
4. 能管理西饼厨房原料、用品及设备。
5. 能保养西饼厨房的设备。
6. 能监督西饼厨房厨师严格按规定程序操作。

(十三)西餐面点领班的技术要求

1. 能与西餐厨师长一起安排工作,提高菜品质量。
2. 能安排、督导部署的工作。
3. 能严把菜品质量关。
4. 能不断改进菜品质量、降低成本。

(十四)西餐面点师的技术要求

1. 能根据菜单制作所需西点。
2. 能严格按照操作程序操作。

第四节　筵席的成本要求

一、筵席成本与售价的标准

筵席产品成本核算,主要包括两个方面的内容。一是筵席产品原料成本核算,即生产加工筵席产品实际耗用的各种原料价值总和。二是筵席产品价格核算,即利用筵席原料成本、筵席产品毛利率来确定筵席产品价格等。

(一)筵席成本要素的计算

1.筵席原料成本要素

原料成本由三个要素构成。一是主料,是指构成各个具体品种的主要原料,通常是指肉料;二是配料,是指构成各个具体品种的辅助原料,通常是指植物类的原料;三是调料,是指烹制品种的各种调味料。

主料:主料是制成各个具体产品的主要原料。一种是占有筵席的主要分量,如:"银苗鸡丝"中的鸡肉。另一种是不占主要分量但价值较高,是产品的主要成本构成,如:"鸡茸鱼肚"中的鱼肚等。

配料:配料是制成各个具体产品的辅助材料,如"土豆烧牛肉"中的土豆,"青椒肉丝"中的青椒。

调料:调料是制成品的调味用料,如:油、盐、酱油、醋等。调料在单位产品里用量较少,但它是产品成本核算中的一个重要因素,不可缺少。

2.筵席产品的成本核算

(1)主料、配料的成本核算

主料、配料是构成筵席产品的主体,要核算成本,首先要从主料、配料做起。

净料的成本核算:净料根据拆卸加工的方法和处理程度不同,可分为生料、半制品和熟品三类。

①生料成本的核算:

生料就是只经过拣洗、宰杀、拆卸等加工处理,而没经过任何初制加工或成熟的各种原料的净料。

一料一用：毛料经过加工处理后，只有一种净料，称为一料一用，没有可以利用的下脚料，则用毛料总值除以净料重量，求得净料成本。其计算公式为：

$$净料成本＝毛料总值÷净料重量$$

因为没有辅料值，所以公式中不用减去辅料值。

例：土豆每500克的进货价格是2元，每500克的土豆去皮后是400克，求每500克土豆的净料成本。

解：土豆的净料成本＝2÷(400÷500)＝2.5(元)

答：每500克土豆的净料成本是2.5元。

一料多用：毛料经过加工处理后，只有一种净料，同时又有可以利用的下脚料、废料等，则必须先从毛料总值中扣除下脚料、废料的价款，除以净料重量，求得净料成本。其计算公式为：

$$净料成本＝(毛料总值－辅料总值)÷净料重量$$

例：鸡肉制馅，一只鸡2.5千克，每千克单价6元。经宰杀加工制净，得到净鸡肉1.5千克，下脚料头、内脏、鸡爪、鸡翅另作他用，作价2.5，求生光鸡肉的每千克成本。

解：生光鸡肉的成本＝(2.5×6－2.5)÷1.5＝9(元)

答：每千克生光鸡肉的单位成本是9元。

②半制品及熟制品的成本核算

半制品是经过初步熟处理，但还没有完全加工成成品的净料。熟制品也称制成品或卤味品，是采用熏、卤、拌、煮等方法加工而成。

半制品及熟制品成本核算的公式为：

$$半制品成本＝(毛料总值－辅料总值＋调味成本)÷调味半制品重量$$

例：已知干肉皮1千克的进价是6元，经过涨发后变成3千克，其中耗油约200克，每千克食用油的价格是8元，求涨发后肉皮的单位成本。

解：每千克肉皮的单位成本＝(1×6＋0.2×8)÷3＝2.53(元)

答：每千克肉皮的单位成本是2.53元。

(2)调味成本核算

调味品是筵席制作必不可少的要素，是筵席成本的重要部分。调味品的使用特点是品种多、用量少。单位产品的成本核算，通常是在对有代表性的餐饮产品进行试验和测算的基础上估算其平均值。计算方法有以下两种：

①单件成本核算法

单件成本是指单件制作的产品的调味成本。先要把各种常用的调味品的用量算出来，再根据进价，分别算出其价款。

其计算公式为：
$$单件产品调味品成本 = 单价产品耗用的调料成本相加$$

例：辣子鸡一份，用调料数量及成本如下：色拉油 25 克，0.50 元；酱油 30 克，0.12 元；糖 5 克，0.03 元；味精 2 克，0.05 元；淀粉 2 克，0.02 元；料酒 3 克，0.02 元。计算该调味品的成本。

解：调味品成本 = 0.02 + 0.50 + 0.12 + 0.03 + 0.05 + 0.02 = 0.74（元）

答：该菜的调味品成本为 0.74 元。

②批量平均成本核算法

批量平均成本是指成批生产制作的产品的单位调味品成本。

批量平均成本 = 成批制作耗用调味品总值 ÷ 产品总量成本

例：猪头肉 16 千克制成卤猪头肉 10 千克，用去生油 130 克，0.85 元；酱油 1800 克，4.95 元；白糖 650 克，1.90 元；料酒 450 克，1.10 元；葱、姜、盐、香料 1.80 元，求卤猪头肉的单位调味品成本。

解：每千克卤猪头肉的调味品成本 = (0.85 + 4.95 + 1.90 + 1.10 + 1.80) ÷ 10
$$= 1.06（元）$$

答：每千克卤猪头肉的调味品成本是 1.06 元。

（二）筵席产品成本核算方法

筵席产品的成本构成包括主料成本、配料成本、调味成本。

筵席产品的成本核算是指烹调品种所有耗用的主料、配料、调味成本的总和。根据产品制作的批量大小不同，成本核算可分为两种：一种是单件产品成本核算，另一种是批量产品成本核算。

1.单件产品成本核算

单件产品成本核算就是把构成某个产品的主料成本、配料成本和调味成本全部加起来，就是单位品种成本，它适用于厨房部的品种计算。

它的计算公式为：
$$单位产品成本 = 主料成本 + 配料成本 + 调味成本$$

例："碧绿鲜带子"，鲜带子每 1000 克的进价是 40 元，用量是 150 克，西蓝花每 1000 克的进价是 4 元，用量是 200 克调味料成本是 1 元，求该品种成本。

解：每盘"碧绿鲜带子"的成本 = 40 × 0.15 + 4 × 0.2 + 1 = 7.8（元）

答：每盘"碧绿鲜带子"的原料总成本是 7.8 元。

2.批量产品成本核算

批量产品成本核算就是按批量制作的产品所使用的原料总成本除以制作出来的产品数量，其结果就是单位产品成本。批量品种成本核算的公式为：

单位品种成本＝本批品种所耗用的原料总成本÷品种数量

(三)筵席产品价格的核算

1.筵席产品价格的构成

筵席产品价格的构成计算公式为：

$$售价＝原料成本＋毛利$$

2.毛利率

筵席产品的价格是通过毛利率来控制和体现的。

成本毛利率是指毛利与产品原料成本之间的百分比率。

其计算公式为：

$$成本毛利率＝(毛利÷原料成本)×100\%(外加毛利率)$$

销售毛利率是毛利与产品销售价格的比率。

其计算公式为：

$$销售毛利率＝(毛利÷销售价格)×100\%(内扣毛利率)$$

3.定价方法

传统定价方法基本上是以成本为导向的定价方法,一种是销售毛利率定价法(内扣毛利率),另一种是成本毛利率(外加毛利率)定价法。

①销售毛利率定价法

销售毛利率法,是以产品销售价格为基础,按照毛利与销售价格的比值计算价格的方法。由于这种毛利率是由毛利与售价之间的比率关系推导出来的,所以叫销售毛利率法,其计算公式如下：

$$品种理论售价＝原料总成本÷(1－销售毛利率)$$

例：鲜百合炒肾球用鲜百合 100g，肾球 100g，配料 50g。其中,鲜百合进价每 1000g 是 12 元,鸭肾每 1000g 进价是 26 元,配料成本和调味成本共计 2 元,销售毛利率是 50%。这个品种的理论售价是多少？

解：第一步,先计算原料总成本：

鲜百合成本＝(100÷1000)×12＝1.2(元)

鸭肾成本＝(100÷1000)×26＝2.6(元)

第二步,代入公式：

理论售价＝(1.2＋2.6＋2)÷(1－50%)＝11.6(元)

答：鲜百合炒肾球的理论售价是 11.6 元。

②成本毛利率定价法

成本毛利率法,又称外加毛利率法。成本毛利率法,是指以产品成本为基数,按确定的成本毛利率加成本计算售价的方法。由于这是由毛利与成本之比的关系

推导出来的,所以叫作成本毛利率法。其计算公式如下:
$$产品售价 = 产品原料成本 \times (1 + 成本毛利率)$$

例:荔茸鲜带子用荔茸馅150g,鲜带子6只,菜芯100g。其中荔茸馅每1000g进价16元,鲜带子每只进价2元,菜芯每1000g进价4元,调味成本是1元,成本毛利率是40%。这个品种的理论售价是多少?

解:第一步,计算原料总成本:

鲜带子进货成本2元,6只12元

荔茸馅成本(150÷1000)×16＝2.40(元)

菜芯成本(100÷1000)×4＝0.40(元)

第二步,代入公式:

理论售价＝(12+0.40+1+2.4)×(1+40%)＝22.12(元)

答:荔茸鲜带子的理论售价是22.12元。

③毛利率的换算

销售毛利率就是通常所说的毛利率,成本毛利率通常叫作外加率或加成率,这两者之间的换算公式如下:
$$成本毛利率 = 销售毛利率 \div (1 - 销售毛利率)$$
$$销售毛利率 = 成本毛利率 \div (1 + 成本毛利率)$$

二、筵席成本的控制

(一)筵席原料采购成本的控制

1.筵席原料采购环节的成本控制

筵席原料的采购程序包括以下几个方面。

(1)采购申请

餐饮部和储藏部分别通过采购申请单向采购部门提出订货要求。

(2)实施订购

采购部根据采购申请单,通过订购单手续向供应商订货。

(3)验收入库

由验收人员负责原料的验收入库工作。验收人员收到厨房订购的新鲜原料时,及时通知厨房申领,防止新鲜度受损。

(4)付款结账

财务部将各部门的单据审核后,再向供货单位付款。

(5)领发原料

餐饮部通过食品领料单向储藏部申领所需原料。储藏部根据申领手续发放原料。

2.筵席原料采购数量的控制

企业采购的食品原料,根据性质、特点不同分为两大类,即易变质食品原料和不易变质食品原料。

(1)易变质食品原料的采购数量

易变质食品原料一般为鲜活原料,通常使用"日常即时采购法"和"长期订货法"两种方法采购。

①日常即时采购法:适用于采购消耗量变化较大,有效保存期短暂必须经常采购的鲜活类原料。每次采购数量根据下列公式计算:

应采购数量＝需使用数量－现有数量

②长期订货法:餐饮企业采购部门可与一家订货单位定下合同,以固定的价格每天或每隔一段时间向企业供应规定数量的食品原料。

(2)不易变质食品原料的采购数量

这类食品主要是指主食品,可以储存较长一段时间。

①定期采购法:定期采购法是指使存货保持在一个适当水平,订购周期固定不变,每次订货数量根据不同的存货定额来决定,即对各种食品确定它的最高或最低库存量,用采购量来调节这种库存量。

②永续盘存法:永续盘存法是指对所有入库及发料保持连续记录的一种存货控制方法。这种方法比定期订货优越,适于大型企业使用。

(二)筵席原料验收环节的成本控制

1.筵席原料的进货验收是筵席成本控制流程的重要环节,必须对验收场地、设施工具、验收人员及监督检查程序严格要求。

(1)验收设备的要求

直尺、温度计、起货钩、磅秤等,定期对磅秤校准。这些工具既要保持清洁,又要安全保险。

(2)验收人员的要求

验收人员必须聪明诚实、受过专门训练,责任心强,熟悉食品原料知识和财务核算知识,能熟练使用各种验收设备和器材,熟知企业原料物品的采购规格和标准,具有较强的企业利益保护意识和良好的职业道德素养,忠于职守,秉公验收。

(3)经常监督检查

经常对筵席原料验收监督检查有利于提高食品原料验收工作的质量。

2.验收的方法

(1)按发票验收

验收人员根据发货票和订购单,核对食品原料的项目、数量和价格。

(2)填单验收

填单验收就是企业利用自制的验收空白凭单,在验收时验收人员按购回的物品分别将其名称、重量、数量和价格等逐一填进凭单,然后进行核对。

(三)筵席原料储存成本的控制

良好的储存管理,有助于储存成本的控制。

1.储存仓库的设计要求

(1)仓库的位置

仓库应尽可能位于验收处与厨房之间,三者距离越近越好。

(2)仓库的面积

仓库面积的大小是综合考虑企业的类别、规模、菜单、销量、市场情况等因素来确定的。

①利用每天供应餐数确定仓库面积。一般每供应一餐餐饮约需 0.1 平方米面积。

②根据预测的菜品销量,推算出各种食品原料在 10~15 天的需求量,并以此推算出所需要的面积。

③在设计上只考虑前厅与后厨的比例来计算仓库的面积。一般来讲,前厅与后厨的比例为 2∶1。

(3)其他方面的要求

要考虑温度、湿度、通风和光照等因素对储存原料质量的影响。

2.筵席原料储存的具体要求和方法

(1)干藏

食品中的干货、罐头、米、面等储藏时不需要冷藏、冷冻。这类食品应放在干净、阴凉、干燥处储存。应有防潮、防蛀、防鼠的措施。温度 10℃ 左右,相对湿度 50%~60%。食品应放在货架上,距离墙壁至少 10 厘米,距离地面 15 厘米,便于空气的流动和清扫;食品要远离自来水管道、热水管道;打开的包装食品应储存在贴标签的容器里,并达到防尘、防腐要求。

(2)冷藏

食品必须保持在 2℃~5℃ 之间;冷藏的食品应经过初加工,并用保鲜纸包裹,以防止污染和水分损耗;易腐果蔬要每天检查,发现腐烂及时处理;有条件的企业可将原料食品分别放入分类专用库中,蔬果 0℃~2℃,蛋类及奶制品 0℃,禽类 1℃~2℃,鱼 -1℃~1℃。

(3)冷冻

冷冻的温度应保持在 -18℃ 以下,食品连同包装箱一起放入冷库;需要冷冻的食品要先速冻,然后涂上冰层或妥善包裹后储存;冷库的开启要有计划,所需的食品一次拿出,以减少冷气的流失;需除霜时要选择存量最小时进行;定期检查冷库的温度情况。

(四)筵席产品生产成本控制方法

筵席产品生产加工成本控制方法很多,这里主要介绍以下几种。

1.全员控制法

全员控制法是一种全体员工积极参与来实现企业成本控制目标的方法。在采用此方法进行成本控制时,要求全体职工要有较强的成本、管理控制意识,充分意识到成本控制在实现企业销售利润上、提高职工的工资福利待遇上及企业的发展上都具有重要意义。

2.实行成本控制责任制

通过目标分解可以把任务落实到生产过程中的每一个环节。各环节之间互相联系、互相沟通、责任落实到每个人。

3.定期盘点

专门配备核算成本人员、定期进行盘点统计,确定厨房原料剩余量等其他有关数量,以便为成本控制提供详细的资料,为成本核算奠定基础。

4.核对实物与标准

用出库量减去盘点厨房剩余量就是实际用量。标准用量要根据标准菜谱来计算,即将每道菜肴的用料品种与数量除以该菜肴的销售量,就是该菜肴的标准用量。标准用量与实际用量的差额就是筵席生产成本控制的对象。

(五)筵席成本控制的注意事项

1.采购人员的注意事项

(1)了解餐饮企业生产与经营方面的知识

采购人员应了解熟悉企业菜单,熟悉厨房生产的各个环节,要懂得各原料的损耗情况,加工的难度及烹调特点。

(2)熟悉食品原料的标准和质量,掌握必要的原料产品知识

采购人员对市场上的各种食品原料和质量要有一定的了解,应懂得如何选择各种原料的质量、规格和产地,并具有鉴别好坏的能力。

(3)了解食品原料产品市场,熟悉食品原料采购渠道

采购人员对采购市场和餐饮市场有较深的经验,懂得进价与售价的核算关系,受过市场采购技术的专门训练。

(4)**熟悉财务制度和会计核算关系**

熟悉各种结算方法、程序,严格按企业财务制度政策和制度办事。

(5)**具备良好的思想品德和专业道德素质**

采购人员应诚实可靠,原则性强。

2.验收环节控制注意事项

(1)专人负责验收,以便能分清责任。

(2)验收人员与采购人员要分属不同部门领导,便于相互监督。

(3)验收要在指定的验收处进行。

(4)货品一经验收,应及时入库,防止不必要的损失。

(5)尽量减少验收处出入人员,保证验收工作顺利进行。

3.加强筵席菜品成本的控制

(1)**实施成本控制措施**

餐饮企业除了财务部设立成本会计人员外,还要将筵席成本目标分解到相关各部门,做到人人有责,以保证成本控制在制定的目标范围内。

(2)**加强筵席菜品的成本控制**

筵席菜肴成本就是筵席菜肴直接耗用的原材料成本和燃料成本。它在筵席成本中占有很高的比例。它既包含了菜肴生产过程中的各个生产环节,又包括了保管流转过程的各个环节。这两个过程是否健全与筵席的成本关系重大。

比如:原料的初加工到切配、烹调要严格按照餐饮企业所制定的标准,减少加工过程中人为因素造成的损耗,达到菜肴成品质量和数量不受影响,控制原料数量、加工质量及成本的目的。

另外,还要根据标准菜谱加强对菜肴的成本核算,实现成本优化。

(3)**降低经营费用**

在筵席成本控制中要抓好人工成本及其他经营费用的控制。对筵席正式员工聘任人数要严格控制,在此基础上雇佣经过训练的临时工,以有效地节省人事费用,将人事成本降到最低。

尽量控制水电、燃料、耗损等的费用。要采取切实有效的节水节电等措施,将水、电、燃料等费用降到最低。

第六章

筵席安全卫生

第一节　食品安全卫生基础知识

国以民为本,民以食为天,食以安为先。食品安全,关系到人民的生命安全,关系到国计民生。近年来,我国食品安全事件时有发生,"瘦肉精""毒大米""地沟油""毒奶粉""增白剂""苏丹红"等事件的发生,让消费者陷入了极度的不安。2012年年初调查显示:曾有80.4%的人对食品没有"安全感";另外国家质检总局发布我国食品检测合格率超过90%,通过这两组数据,反映了当时我国食品安全现状。就目前而言,形势已有很大变化。食品安全总体稳定向好,但问题不可忽视。

2009年6月1日,中华人民共和国正式颁布实施了《食品安全法》,2010年成立国务院食品安全委员会,2011年建立国家食品安全风险评估中心,各地也相应出台了相关的政策和法规。

2021年我国又新修订实施了《中华人民共和国食品安全法》,使食品安全更加严格、规范。

一、食品安全的定义和要求

1.食品安全

食品安全(food safety)是指食品无毒、无害,符合应当有的营养要求,对人体健康不造成任何急性、亚急性或者慢性危害。食品安全是一门专门探讨在食品加工、存储、销售等过程中确保食品卫生及食用安全,降低疾病隐患,防范食物中毒的一个跨学科领域。

2.食品卫生

为防止食品污染和有害因素危害人体健康而采取的综合措施。在食品的培育、生产、制造直至被人摄食为止的各个阶段中,为保证其安全性、有益性和完好性而采取的全部措施。食品卫生是公共卫生的组成部分,也是食品科学重要的内容之一。其任务是研究食品中存在的、威胁人体健康的有害因素的种类、来源、性质、作用、含量水平和控制措施,以提高食品安全性,预防食源性疾病,保护食品卫生食用者健康。

3.食品安全卫生的质量要求

(1)食品相关产品的致病性微生物农药残留、兽药残留、重金属、污染物质,以及其他危害人体健康物质的限量规定。

(2)食品添加剂的品种、使用范围、用量。

(3)专供婴幼儿的主辅食品的营养成分要求。

(4)对与营养有关的标签、标识、说明书的要求。

(5)食品检验方法与规程。

(6)其他需要制定为食品安全标准的内容。

(7)食品中禁止使用的非法添加的化学物质。

(8)食品中所有的添加剂必须详细列出。

二、食品安全案例

食品安全,的确关系到人民的生命安全,务必从以往的案例中吸取教训,防患于未然。下面列举一些案例,仅供读者学习了解。

2000年12月15日,金华市卫生防疫站在金华市区五里牌楼农贸市场内查获1500公斤的"毒瓜子"。这些西瓜子生产中掺了矿物油,同时福建、河南、广东、南京等地也发现了"毒瓜子"。

2001年3月至9月期间,广东河源某饲料公司因购买"瘦肉精",即盐酸克伦特罗生产猪用混合饲料,导致11月7日河源484名市民因食肉中毒。

2001年9月3日,吉化公司所属的16所中小学校发生严重的豆奶中毒事件。万余名学生饮用学校购进的"万方"牌豆奶后,6362名学生集体中毒。至今,仍有多名因饮用豆奶的学生被不同的病症缠身,其中3名学生患上白血病。

2002年2月,哈尔滨香香鸟食品有限公司用上年的陈月饼非法生产汤圆的恶性事件被查处。据当地工商部门介绍,所查获的汤圆馅是由上年中秋节期间生产的月饼经粉碎后制得,月饼早已超过保质期,有些已发霉变质,甚至被鼠咬。

2002年5月21日,长春市卫生局查处一处用牛血、猪血和化工原料加工假"鸭血"的黑窝点,制造假"鸭血"的化工原料一般为建筑或化工用品。

2002年6月21日,金华市卫生局在某仓库发现标识为广西田阳南华糖业有限责任公司的9.5吨假冒"白砂糖",该"白砂糖"30%的成分为蔗糖,30%的成分为硫酸镁,其余成分无法确认,对这批"白砂糖"全部没收并予以公开销毁。

从2003年7月上旬开始,不到一个月的时间里,浙江省卫生监督部门查获了从嘉兴等地流出的48吨含有剧毒氰化物的"毒狗肉"。这些狗大多为土狗,很灵活,所以较难棒杀,大多为毒杀。

2003年12月1日,杭州质检部门公布"毒海带"事件的调查结果,市场上畅销的一种碧绿鲜嫩的海带是用印染化工染料浸泡出来的"毒海带"。不法经营者采用"连二亚硫酸钠"和"碱性品绿"等化工原料对海带进行泡、染加工。

2003年11月16日,"金华火腿敌敌畏"事件被曝光,金华市的两家火腿生产企业在生产"反季节火腿"时,为了避免蚊虫叮咬和生蛆在制作过程中添加了剧毒农药敌敌畏。金华火腿的销量几乎为零,金华市经营千年的城市名片瞬间蒙垢。

2003年12月3日,广东省质量技术监督局对佛山、江门两地的鱼翅、开心果加工企业进行执法检查,现场查获用工业双氧水加工过的鱼翅成品、开心果等干果类食品成品。

2004年4月30日,"大头娃娃"事件曝光,安徽省阜阳市查处一家劣质奶粉厂。该厂生产的劣质奶粉几乎完全没有营养,致使13名婴儿死亡,近200名婴儿患上严重营养不良症。

2004年"陈化粮"事件曝光,全国10多个省市粮油批发市场发现有国家粮库淘汰的发霉米,含有可致肝癌的黄曲霉素。黄曲霉素是目前发现最强的化学致癌物,试验显示其致癌所需时间最短仅为24周。

2004年5月,中央电视台《每周质量报告》的一期"龙口粉丝掺假有术"节目揭露,部分正规粉丝生产商为降低成本,在生产中掺入粟米淀粉,并加入了可能致癌的碳酸氢铵化肥、氨水用于增白。

2004年5月11日,广州一市民被怀疑饮用散装白酒中毒死亡,短短10天内,共有14人因饮用假酒死亡、39人受伤。这些散装白酒中含有剧毒工业酒精甲醇。

2005年3月15日,上海市相关部门在对肯德基多家餐厅进行抽检时,发现新奥尔良鸡翅和新奥尔良鸡腿堡调料中含有"苏丹红一号"成分。从16日开始,在全国所有肯德基餐厅停止售卖这两种产品,同时销毁所有剩余调料。

2005年5月26日,雀巢金牌成长3+奶粉在浙江被抽检出碘含量超标。这一事件使雀巢该品牌奶粉在全国范围被撤柜。

2005年6月14日,北京市工商局经抽查的潮安12家企业果脯产品二氧化硫含量超标,随即宣布广东潮安生产的果脯全部下架,将近800家潮安果脯蜜饯企业集体挡在了北京门外。6月15日起,重庆、成都、西安、义乌等地相继"封杀"潮安果脯。

2005年8月16日,"维维"牌天山雪活性乳饮料在上海被检测酵母菌数超标24倍。

2006年6月,北京食用福寿螺导致的广州管圆线虫病患者确诊病例达到160例。该病是由于酒店出售的凉拌福寿螺菜而引起,最终经历了历时一年半的赔偿案之后,酒楼共赔偿患者近1000万元。

2006年7月,中央电视台曝光湖北武汉等地的"人造蜂蜜"事件。造假分子还在假蜂蜜中加入了增稠剂、甜味剂、防腐剂、香精和色素等化学物质。

2005年7月5日,三鹿被查出超前标注生产日期的酸牛奶,三鹿方面表示,产品生产日期标注不存在任何问题,而是因为企业管理上的一些疏忽。

2006年8月2日,浙江省台州市卫生局在某油脂厂内查扣原料油38600公斤、成品油5300公斤。经疾病预防控制中心抽样检测,猪油中酸价和过氧化值严重超标,浙江省疾病预防控制中心还检测出内含剧毒的"六六六"和"滴滴涕"。

2006年9月初开始,上海市发生多起因食用猪内脏、猪肉导致的疑似瘦肉精食物中毒事故。这批来自浙江海盐县瘦肉精超标猪肉和内脏共导致上海9个区336人次中毒。

2006年11月12日,由河北某禽蛋加工厂生产的一些"红心"咸鸭蛋在北京被检测出含有致癌物质苏丹红。部分河北农户用添加了工业染料苏丹红的饲料喂养鸭子,导致蛋黄内含有苏丹红,以致全北京市范围内停售河北产"红心"咸鸭蛋。

2006年11月17日,上海市抽检的30件冰鲜或鲜活多宝鱼全部含有硝基呋喃类代谢物,部分样品还被检测出环丙沙星、氯霉素、红霉素等多种禁用鱼药残留,部分样品土霉素超过国家标准限量要求。

2007年4月12日,在广西壮族自治区销售的"思念""龙凤"品牌云吞及水饺被检测出金黄色葡萄球菌。

2007年8月14日,总数为7.26吨台湾味全婴儿奶粉在从香港入境时,被深圳检验检疫局检验出阪崎肠杆菌超标,检验检疫局依法对该批不合格婴儿奶粉做出监督销毁的处理。

2008年8月,人造"新鲜红枣"流入乌鲁木齐市场。主要经过两道工序,铁锅里倒入酱油,使青枣变成红色,并保持光泽。再次放进加入大量糖精钠和甜蜜素的水池中浸泡,使其口感泛甜。过量食用会造成血小板减少,造成急性大出血等直接身体危害。

2009年1月22日,三鹿"三聚氰胺奶"案终审宣判。自2008年7月开始,全国各地陆续收治婴儿泌尿系统结石患者多达1000余人,9月11日,卫生部调查证实这是由于三鹿集团生产婴幼儿配方奶粉受三聚氰胺污染所致。

2009年2月27日,"咯咯哒"问题鸡蛋所用饲料厂的法人代表获刑,该厂于去年9月两次向饲料中加入三聚氰胺。在2008年10月,在香港对从内地进口的鸡蛋中检测出三聚氰胺后,引起了广泛关注,随着问题饲料被查出,鸡蛋价格出现下跌。

2009年11月,农夫山泉和统一企业被海口市工商局推向消费者的关注中——两家公司生产的部分批次果汁饮品近日被该工商局检测出"含砒霜"。

2010年7月,三聚氰胺超标奶粉事件"卷土重来":在青海省一家乳制品厂,检测出三聚氰胺超标达500余倍,而原料来自河北等地。事件发生后,有关部门要求严肃查处,杜绝问题奶粉流入市场,彻底查清其来源与销路,坚决予以销毁,并依法追究当事人责任。

2011年3月，河南"瘦肉精"事件发生后，为查清"瘦肉精"的生产、销售源头，公安机关发现，湖北襄阳籍刘某为制造"瘦肉精"的最大嫌疑人。2012年1月，河南因"瘦肉精""地沟油"案查处62名公职人员。

2011年4月13日，上海盛禄食品有限公司分公司在生产过程中添加色素、防腐剂等，将白面染色制成玉米面馒头、黑米馒头等，工人还随意更改馒头的生产日期。"染色"馒头进入了上海部分超市销售。

2011年4月15日，湖北省宜昌市工商部门在一个蔬菜市场查获一批硫黄熏制过的"问题生姜"，共约1000公斤。据介绍，一些商贩把品相不好的生姜用水浸泡清洗，然后用化工原料硫黄进行烟熏。与普通生姜相比，"硫黄姜"看上去又黄又亮，显得很鲜嫩，在市场上可以卖出好价钱。

2012年9月11日，湖南湘潭县中路铺镇52名村民吃完米粉后出现不同程度的恶心、呕吐、腹泻等症状，病人在第一时间被送往中路铺中心卫生院、湘潭县人民医院、湘潭县中医院就诊治疗，经医院初步诊断，这些村民均属食物中毒。

三、常见食品安全卫生因素及其控制措施

(一)常见的食品安全卫生因素

1.食品中天然毒素：有些动植物原料本身含有毒素，如河豚、有毒贝类、含有组胺的不新鲜鱼类、某些毒蕈、某些核仁和含有氰苷的木薯、大豆中存在的蛋白酶抑制剂，食用后都可能引起中毒。

2.人畜共患传染病源：有些牲畜疾病能传染给人体，称为人畜共患传染病。如炭疽、鼻疽、口蹄疫、猪水泡病、猪瘟、猪丹毒和猪出血性败血症、结核病、布氏杆菌病等传染病，发生在猪、牛、羊、马、骡或驴身上，人吃了受这些病原体污染的食物，有可能引起疾病。

3.有毒金属：有些金属尚未被证实具有生理功能，在正常情况下，人体只需极少量或只能耐受极小量，剂量稍高即可呈现毒性作用，这些金属称为有毒金属。有毒金属来源于土壤、水、空气、农用化学品、工业三废、加工用机械设备、管道、容器、添加剂等，其中以汞、镉、铅、砷毒性较大。

4.农药污染：各种农药直接接触农产品或通过土壤、水、空气又转移给农产品，会造成食品污染。多数农药对人体有不同程度的毒性，各国都制定有法规、标准，限制农药的品种、施用范围、施用方法和允许在土壤中的残留量。食品加工时要对原料进行必要的清洗和处理，减少农药残留。

5.包装材料污染：包装食品所用的塑料、涂料、橡胶、金属、陶瓷等材料，如果质量不良或使用不当，其中所含的多种化学助剂、聚合物的单体、釉药中的铅盐、煤焦

油成分多环芳烃或金属盐类等毒性物质可能析出,从而污染食品。

6.食品添加剂:大多数食品添加剂并非食品的天然成分,用之失当也可能引起各种形式的毒性表现。各国都有相应的法规、标准,规定食品添加剂种类、限量、使用范围等以及添加剂本身的质量标准。

7.生产过程中的污染:在食品生产过程中,由于某些传统的生产工艺要求,产生一些有毒物质。例如,许多食品原料含有硝酸盐、亚硝酸盐及仲胺类化合物,在多种微生物的作用下能促使形成与人类某些癌症有关的亚硝胺类化合物。腌制鱼、肉时,加入亚硝酸盐作为食品发色剂及抑菌剂,加速了亚硝胺的合成。又如传统的燃烧木屑熏烟烧烤食品的方法,也会产生具有致癌活性的苯并芘等多环芳烃。近代食品工艺学家已研究出一些新的技术方法以避免产生这类有害物质。

8.污物、恶性杂质:在食品生产、贮运过程中,由于管理不善等原因,可能混入昆虫、昆虫肢体、鼠毛、鼠屎尿、沙砾、尘土等各种污物,以及铁钉、细针、金属碎屑、碎玻璃、木屑、油漆等恶性杂质,严重妨碍食品的安全卫生。

(二)食品安全预防及控制措施

1.建立完善的食品安全应急体系,整合食品卫生监督、质检、工商为主的政府职能部门资源,使各有关部门的监管工作有机衔接起来,让市场监管到位。同时以食品行业协会为主导,带领企业坚定不移地执行和参与政府发布的各种类型保障食品安全的法律、法规及活动。

2.提高食品企业的质量控制意识,建立以食品安全回溯体系为标准的行业准入机制,从源头上杜绝不安全的食品入市。

3.初步建立食品安全宣传教育体系,对消费者进行食品科普教育。加大舆论宣传力度,提高消费者食品安全意识,使有害食品人人避之。

4.净化市场源头,重点应对人们每天需食用的粮食作物、蔬菜、水果、饮用水等严加控管。市场上的食品应由大型企业提供符合质量要求的食品,生产厂家的食品占绝大部分,对落后的、零星的、质量无保障的种植户、生产小厂适时淘汰,或成无人问津而自灭。净化市场源头是重点,这一步抓好了,购者放心。

5.建立市场级检测体系。在中、大型超市、农贸市场设置检测仪器、提供检测方法,随时对有关食品的质量参数进行检测,可由市场专职检测人员或人民群众开展抽检。国家应投入一定费用开展快速检测方法的研究,供市场快速确认质量。如此,不合格产品难以上市,也不敢上市。总之要杜绝不合格产品的上市。

6.增加媒体透明度。网上、电视台、报纸应有计划、有针对性适时报道食品检测结果,对优质、合格产品进行表彰,引来认购者,使其受益;对不合格者进行曝光,让其下架或受冷落,令其整改或停产,多方面、全方位展开关注,持之以恒。

第二节 筵席的食品安全卫生要求

一、筵席食品卫生的概念

筵席食品安全主要指在聚餐活动过程中,不能出现食物中毒、有害物质对人体健康影响的公共卫生问题。筵席的活动是人们在公共场所聚餐的活动,因此,筵席的食品安全关系到人民群众的生命安全,筵席菜点的质量好坏,直接影响到就餐者的生命安全,也影响到企业的声誉。作为烹饪工作者,必须严把筵席质量关。

二、筵席中食品安全卫生要求

(一)有关部门要切实履行好各自的职责,搞好食品市场整顿,加强食品安全监督检查,加强镇区政府和村委会食品安全工作人员的教育培训。

(二)企业要做好备案管理制度。企业要做好筵席的信息收集、备案和报告工作,重大活动要上报上级主管部门,并及时备案,相关主管部门要开展指导工作。

(三)厨师每年必须进行一次健康体检,并参加食品安全法律法规和食品安全知识培训,严格执行食品卫生"五四"制。凡患痢疾、伤寒、病毒性肝炎等消化道传染病,活动性肺结核,化脓性或渗出性皮肤病以及其他有碍食品安全疾病的厨师和帮厨者都不得在患病期间操办筵席。

(四)建立筵席食品及原材料、佐料检查制度。要认真落实检查指导人员的责任,切实加强筵席食品安全的检查指导。要对筵席加工场地、卫生条件、采购、厨师健康状况、原材料、佐料、用水等进行事前检查,严禁采购过期变质和"三无"食品,严禁销售和使用亚硝酸盐。要加强食品采购的指导服务。

(五)实行加工场所和用具清洁消毒制度。筵席加工场所要具备基本食品安全条件,环境整洁卫生,有防蝇、防鼠、防尘等设施;锅、碗、瓢、盆等用具,使用前应严格消毒;加工用具、各类食品做到生熟分开,不加工变质食品。

(六)落实筵席食物中毒等食品安全事件报告和应急处置制度。如发生食物中毒等食品安全事件,筵席承办者、厨师和主办户应在组织救治的同时上报相关主管部门;主管部门接到报告后要立即控制现场,并上报上级,积极组织人员摸排参加筵席的所有人员健康情况,并配合有关部门开展救治、调查、采样、取证工作。按照相关规定处理。

(七)落实筵席食品安全工作责任追究制。餐饮企业要加强业务指导和监督检查。对于未按本规定履行监管和管理职责、玩忽职守、监管不力等造成食品安全事故发生的,要追究领导责任和相关人员的责任。构成犯罪的,依法追究刑事责任。

(八)建立筵席食品安全工作宣传教育制度。企业要广泛开展筵席食品安全监管要求、食品安全知识及相关法律法规的宣传。卫生行政部门要做好宣传和培训,提高餐饮企业筵席的监管工作水平。

三、烹饪工艺与筵席食品安全卫生

(一)烹饪工艺对食品安全卫生的处理

有些烹饪原料,本身具有一定毒素,或受到轻度污染变质,但经过一定的烹饪工艺处理后,去掉食物中的有害成分,还是可以食用的。如四季豆经过加热煮熟,其中四季豆的有害成分被去除。新鲜的黄花菜等经过焯水处理后仍然可以食用。

(二)烹饪工艺产生的食品安全因素

有些原料是新鲜的,符合食用的要求,但经过一些烹饪工艺后,会产生一些不安全因素,如烟熏食品、烧烤食品、油炸食品等,在加工过程中,会产生一些3,4—苯并芘等致癌物质,因此,食物的加工过程要防止有害物质的产生。

用于食品生产经营的工具、设备,指在食品或者食品添加剂生产、流通、使用过程中直接接触食品或者食品添加剂的机械、管道、传送带、容器、用具、餐具等。用于餐饮加工操作的工具、设备材质要无毒无害、标志明显,并做到分开使用。要定位存放,用后洗净,保持清洁,或者接触直接入口食品的工具、设备没有在使用前进行消毒。

四、设备、工具和容器要求

(一)接触食品的设备、工具、容器、包装材料等应符合食品安全标准或要求。

(二)接触食品的设备、工具和容器应易于清洗消毒、便于检查,避免因润滑油、金属碎屑、污水或其他可能引起污染的因素。

(三)接触食品的设备、工具和容器与食品的接触面应平滑、无凹陷或裂缝,内部角落部位应避免有尖角,以避免食品碎屑、污垢等的聚积。

(四)设备的摆放位置应便于操作、清洁、维护和减少交叉污染。

(五)用于原料、半成品、成品的工具和容器,应分开摆放和使用并有明显的区分标识；原料加工中切配动物性食品、植物性食品、水产品的工具和容器，应分开摆放和使用并有明显的区分标识。

（六）所有食品设备、工具和容器，不宜使用木质材料，必须使用木质材料时应保证不会对食品产生污染。

（七）集体用餐配送单位和中央厨房应配备盛装、分送产品的专用密闭容器，运送产品的车辆应为专用封闭式，车辆内部结构应平整、便于清洁，设有温度控制设备。

五、场所及设施设备管理要求

（一）应建立餐饮服务加工经营场所及设施设备清洁、消毒制度，各岗位相关人员应按照《推荐的餐饮服务场所、设施、设备及工具清洁方法》的要求进行清洁，使场所及其内部各项设施设备随时保持清洁。

（二）应建立餐饮服务加工经营场所及设施设备维修保养制度，并按规定进行维护或检修，以使其保持良好的运行状况。

（三）食品处理区不得存放与食品加工无关的物品，各项设施设备也不得用作与食品加工无关的用途。

六、用具、设备清洗消毒保洁要求

（一）根据加工食品的品种，配备能正常运转的清洗、消毒、保洁设备设施。

（二）采用有效的物理消毒或化学消毒方法。

（三）各类清洗消毒方式设专用水池的最低数量：采用化学消毒的，至少设有3个专用水池或容器。采用热力消毒的，可设置2个专用水池或容器。各类水池或容器以明显标识标明其用途。

（四）接触直接入口食品的工具、容器清洗消毒水池专用，与食品原料、清洁用具及接触非直接入口食品的工具、容器清洗水池分开。

（五）工用具清洗消毒水池使用不锈钢或陶瓷等不透水材料、不易积垢并易于清洗。

（六）设专供存放消毒后工用具的保洁设施，标记明显，易于清洁。

（七）清洗、消毒、保洁设备设施的大小和数量能满足需要。

七、备餐间及供餐间食品安全要求

（一）专间内由专人操作，非操作人员不得擅自进入专间。操作人员应保持良好的个人卫生，操作时头发不得外露，不得留长指甲、涂指甲油、佩戴饰物。

（二）工作人员进入专间前应更换专用的工作衣帽并佩戴口罩，操作前应严格进行双手清洗消毒。操作时应适时消毒，不得穿戴专间工作衣帽从事与专间操作无关的工作。

（三）每餐（或每次）使用前应进行空气和操作台的消毒，应在专间无人状态下用紫外线灯消毒 30 分钟以上，并做好记录。

（四）专间内温度不得超过 25℃，当温度超过 25℃时应立即打开空调降低室温。

（五）供应前认真检查待供应食品，发现有腐败变质或者出现感官性状异常的，应立即做出撤换等相应处理。

（六）非操作人员不得擅自进入专间。食品应从能够开合的食品输送窗传递。地面不得设明沟。

（七）专间工作人员严格注意个人卫生，在预进间二次更衣，穿戴洁净的衣、帽、口罩，严格执行规范操作。触摸未经清洗消毒的食品外包装袋等食用品、工用具后，必须严格洗手、消毒，或更换清洁手套后，方能接触成品，避免交叉污染。

（八）保持专间清洁，每餐（或每次）使用前应进行空气、操作台和有关工用具的消毒，并按格式做好记录。紫外线灯应安装在工作台正上方 2 米内，按 1.5 W/m³ 设置，定期监测辐射强度，及时更换。消毒时，室内应干燥、无灰尘、无水雾，门窗密闭，人必须离开，以防灼伤。

（九）专间的工用具、容器必须专用，定位存放。用前消毒，用后洗净。消毒应严格按要求使用煮沸、蒸汽、红外线消毒或用含氯制剂浸泡消毒等方法。用于菜肴装饰的原料使用前应洗净消毒，不得反复使用。

（十）在烹饪后至食用前需要较长时间（超过 2 小时）存放的食品应当在高于 60℃或低于 10℃的条件下存放。如需在常温下存放，则应在 2 小时之内食用。

八、原料采购、验收、储存要求

（一）原料采购

1. 应符合国家有关食品安全标准和规定的有关要求，并应进行验收，不得采购《食品安全法》第二十八条规定禁止生产经营的食品和《农产品质量安全法》第三十三条规定不得销售的农产品。

2. 建立食品、食品原料、食品添加剂和食品相关产品的采购、查验和索证索票制度。

3. 从食品生产单位、批发市场等批量采购的，应查验供货者的食品生产经营许可证、食品合格证明等文件。

4. 从固定供货商或供货基地采购的，应索取并留存供货基地或供货商的资质证明、采购供货合同、每笔供货清单。

5.采购记录应如实记录食品、食品原料、食品添加剂和食品相关产品的名称、规格、数量、生产批号、保质期、供货者名称及联系方式、进货日期等内容,或者保留载有上述信息的进货票据。

6.采购记录及相关资料应按产品品种、进货时间先后顺序有序整理,妥善保存备查,记录、票据的保存期限不得少于2年。

7.入库前应进行验收,出入库时应登记,做好记录。

(二)采购验收

采购的食品、食品相关产品等应符合国家有关食品安全标准和规定的有关要求并应进行验收,不得采购《食品安全法》第二十八条规定禁止生产经营的食品和《农产品质量安全法》第三十三条规定不得销售的食用农产品。

1.采购时应索取购货凭据并做好采购记录,便于溯源。

2.采购食品、食品原料、食品添加剂和食品相关产品应指定专人负责验收。

3.验收人员要注意验收采购的食品、食品原料、食品添加剂和食品相关产品是否符合国家有关安全标准和规定的有关要求。

4.在验收采购的食品、食品原料、食品添加剂和食品相关产品时应验收索取相应的证件、发票及产品合格证明,并做到货证相符。

5.验收人员要验收采购的食品、食品原料、食品添加剂和食品相关产品的色、香、味、形,采购肉类、水产品要注意新鲜度。

6.验收人员要验收采购的食品、食品原料、食品添加剂和食品相关产品的名称、规格、数量、生产批号、保质期、进货日期等内容,或者保留载有上述信息的进货票据。

(三)原料贮存要求

1.原料贮存有专门的食品库房,进出食品应登记,食品入库前必须将里面清理干净、进行消毒,建立出入库食品登记制度,食品及食品原料入库时要详细记录入库产品的名称、数量、产地、进货日期、生产日期、保质期、包装情况、索证情况,并按入库的时间分类存放且区(间)标识明显,避免混放造成污染;做到先进先出,避免因贮存时间过长而生虫、发霉或者遗忘超出保质期。不得存放无标签的食品及食品原料。

2.库房周围保证无污染源。贮存食品的场所、设备应当保持清洁,无霉斑、鼠迹、苍蝇、蟑螂,不得存放有毒、有害物品(如:杀鼠剂、杀虫剂、洗涤剂、消毒剂等)及个人生活用品。定期对库房周围进行卫生清扫,消除有毒、有害污染源及蚊蝇滋生场所。

3.库房应配备专职管理人员定期清扫,定期通风换气,定期查看是否有超出保质期的食品,如有超出保质期的食品应及时处理。防止食品霉变、生虫。贮存生鲜食品应配置必要的低温贮存设备,包括冷藏库(柜)和冷冻库(柜)。

4.经检验合格包装的成品应贮存于成品库,其容量应与生产能力相适应。按品种、批次分类存放,防止相互混杂食品。食品应当分类、分架存放,距离墙壁、地面均在 10 厘米以上,并定期检查。食品按照先进先出、生熟分开的原则分类贮存,并有明显标识。

5.食品储存配备专用消毒设备,随时对储存的工具、容器、水果、蔬菜等进行洗刷消毒。

6.冷藏食品应配备专用的冰箱、冰柜。食品冷藏、冷冻贮藏的温度应分别符合冷藏和冷冻的温度范围要求。

(四)对于采购中容易有卫生安全问题的食材,有以下几点需要注意的事项

1.对于罐头、干货类食品的进货检验,要求外形无变形,无锈,无胖听,无凹痕或膨胀,包装必须标明生产日期、厂名、厂址、保质期清晰完整,附有中文标签。库房贮存此类货品必须放置于干净、阴凉、干燥处储存,温度保持在 20℃ 以下,相对湿度在 65% 以下,密切注意食品失效期。新旧食品不可混放,实行"先进先出"政策,并注意外包装清洁。食品放置于货架上,货架离墙 5 厘米,离地离天花板 10 厘米,以便空气流通,保持货架和地面干净。食品要有序存放,分类放置,同类必须放在一起。不得有已打开包装的食品出现在库房。

2.对于进口肉类食品,肌肉要有光泽,红色或暗红色,脂肪为白色,肉质紧密,有坚韧性,必须附有标签注明收货日期和时间,运输途中必须加冰袋以保持冷藏温度。新鲜肉类必须在上午 11 点以前到货,到货后必须在 4 小时内烹调或在 4 小时内冷却至 8℃ 以下。进口肉类食品应用食品筐存放,放置要间距适当,不可堆积过多,过高。冷冻肉类存放于 −18℃ 以下的冷冻库,贮藏时连同包装一起放入,尽量减少开启冷冻库的次数,随时注意冷冻库的温度。为了防止显示表的误差,我们在库中放入一杯食用油,每日由厨师测量两次食用油的温度,作为该冰库的实际温度并记录在册。取用时实行先贮存先提取的原则,并保持货架整齐清洁。

九、原料粗加工要求

(一)原料粗加工场所要求

1.各类餐饮单位应设置专用粗加工间或粗加工区域及设施,其使用面积应与生产供应量相适应。

2.粗加工间或粗加工区域地面应易清洗、不积水、防滑、排水通畅,所用材料应

无毒、无臭味或异味、耐腐蚀、不易发霉；应符合卫生标准、有利于保证食品安全卫生。

3.粗加工场地应设有层架，加工场所防尘、防蝇、防鼠设施齐全并正常使用。加工用具、容器、设备必须经常清洗，保持清洁，直接接触食品的加工用具、容器必须用后消毒。

4.解冻、择洗、切配、加工工艺流程必须合理，各工序必须严格按操作规程和卫生要求进行操作，确保食品不受污染。

5.动物性食品与植物性食品应分池清洗，水产品宜在专用水池清洗，并有明显标志。加工肉类、水产品与蔬菜的操作台、用具和容器要分开使用，并有明显标志。

(二)粗加工及切配操作规程及要求

1.加工前应认真检查待加工食品，发现有腐败变质迹象或者其他感官性状异常的，不得加工和使用。

2.食品原料按照挑拣、整理、解冻、清洗、剔除不可食用部分等工序进行加工处理。

3.各种食品原料在使用前应洗净，动物性食品、植物性食品应分池清洗，水产品在专用水池清洗，禽蛋在使用前应对外壳进行清洗，必要时消毒处理。加工后的肉类必须无血、无毛、无污物、无异味；水产品无鳞、无内脏。

4.蔬菜在使用前冲洗干净并浸泡30分钟以上，以降解蔬菜中农药残留量，预防食物中毒。加工后的蔬菜瓜果必须无泥沙、杂物、昆虫。蔬菜瓜果加工时必须做到一拣(拣去腐烂的、不能吃的)、二洗、三浸(必须浸泡半小时)、四切(按需要切形状)。

5.易腐食品应尽量缩短在常温下的存放时间，加工后应及时使用或冷藏。

6.切配好的半成品应避免污染，与原料分开存放，并应根据性质分类存放。

7.已盛装食品的容器不得直接置于地上，以防止食品污染。

8.蔬菜、肉类、海鲜等食品原料的加工工具及容器应分开使用并有明显标志。

9.加工结束将地面、水池、加工台、工具、容器清洗干净，保持清洁。垃圾应用专用容器密闭，日产日清，垃圾及时入桶。

10.随时保持粗加工间清洁卫生，并配有防蝇、防鼠设备，下水道通畅，购回的原材料先进粗加工间，然后将食品分类上架。

(三)粗加工管理制度

1.分设肉类、水产类、蔬菜、原料加工洗涤区或池，并有明显标志。食品原料的加工和存放要在相应场所进行，不得混放和交叉使用。

2.加工肉类、水产类、蔬菜的操作台、用具和容器要分开使用，并有明显标志。

盛装海水产品的容器要专用。

3.各种食品原料不得就地堆放,所有食品、容器原材料不得直接落地。清洗加工食品原料必须先检查质量,发现腐烂变质、有毒有害或其他感官性状异常的食品,不得加工。

4.蔬菜类食品原料要按"一择二洗三切"的顺序操作,彻底浸泡清洗干净,做到无泥沙、无杂草、无烂叶。

5.冷冻动物食品要自然解冻,加工前清洗;荤、素要分池清洗。肉类、水产品类食品原料的加工要在专用加工洗涤区或池内进行。肉类清洗后必须无血、无毛、无污物;鱼类清洗后必须无鳞、无鳃、无内脏;活禽宰杀放血完全,去净羽毛、内脏。

6.做到刀不锈、板不霉、整齐有序,保持室内清洁卫生。加工结束及时清洗地面,水池、加工台工具、用具容器清洗干净,定位存放;切菜机、绞肉机等机械设备用后拆开清洗干净。

7.及时清除垃圾,垃圾桶每日清洗,保持内外清洁卫生。

8.不得在加工、清洗食品原料的水池内清洗拖布。

9.清洗、加工后的原材料不应放置过夜。

10.食品容器、用具做到生熟分开。

11.垃圾容器有容量盛下当日的废弃物并上盖。

12.加工间不得有与加工无关的杂物。

13.防蝇、防鼠、防尘设施齐全。

另外,粗加工人员须持有效"健康证"和"食品卫生知识培训合格证"方可上岗。个人卫生好,有良好的卫生习惯。做到勤洗手或洗澡,勤理发勤更衣,不留长指甲,不涂指甲油,不戴戒指,上岗或返岗前必须洗手消毒。不得有面对食品咳嗽、打喷嚏等有碍食品卫生的行为。班前班后搞好各自岗位卫生工作。认真检查待加工的食品及其食品原料,发现有腐败变质或其他感官性状异常的食品,不得进行加工或使用。

十、原料烹调要求

烹调是餐饮业食物加工最重要的环节,它不仅决定着食物的味道、口感,更决定着食物的质量。烹饪的重要目的之一便是对烹饪原料杀菌、消毒,使食品原料由生变熟,既卫生安全,又易于人体的消化吸收。在实际操作中,人们往往注重食物的滋味而忽视食品安全。因此,在具体食物烹调中,要根据食品安全的要求进行烹调,不仅保证杀菌消毒,还能确保食物营养,使制品色、香、味俱佳。

(一)烹调加工操作规程及要求

1.烹调前应认真检查待加工食品,发现有腐败变质或者其他感官性状异常的,不得进行烹调加工。

2.食品添加剂的使用应符合《食品添加剂使用卫生标准》(GB2760)的规定,并应有详细记录。

3.不得将回收后的食品(包括辅料)经烹调加工后再次供应。

4.需要熟制加工的食品应当烧熟煮透,其加工时食品中心温度应不低于70℃。

5.加工后的成品应与半成品、原料分开存放。

6.需要冷藏的食品,应尽快冷却后再冷藏。食品冷藏柜要保持清洁,生食品、半成品要分柜存放,并有明显标志。

7.灶台、抹布要及时清洗,保持干净。不用抹布擦拭已消毒的餐具,滴在盘边的用消毒布擦拭。按规定处理废弃油脂,及时清理抽油烟机罩。

8.加工结束将地面、加工台、工具、容器清洗干净,保持清洁,垃圾及时入桶。

(二)烹调加工操作规范

1.进入厨房必须做到工装鞋整洁,做好清洁卫生。

2.保持地面无油腻、无水迹、无卫生死角、无杂物。保持瓷砖清洁光亮,勤擦门窗。

3.下班前应将冰箱、炉灶、配菜台、保洁橱等清洗干净。冰箱、保洁橱、门等必须在下班时上锁。

4.保持冰箱内外清洁,每日擦洗一次。每日检查冰箱内食品质量,杜绝生熟混放,严禁叠盘,鱼类、肉类、蔬菜类相对分开,减少串味,必要时应用保鲜膜。

5.清理隔日蔬菜,蔬菜不得有枯叶、霉斑、虫蛀、腐烂,如卫生不合格,要退回粗加工清洗。干货、炒货、海货、调味品等要妥善保管,不得散放、落地。

6.保持食品新鲜,无异味,烹调时烧熟煮熟,现卖现烧,隔餐、隔夜和外来熟食品要回锅加热后再出售。

7.切配器具要生熟分开,加工机械必须保持清洁。

8.熟食、熟菜装盆,餐具不得缺口、破边,必须清洁,经消毒后,无水渍、油渍、灰渍,方能装盘出菜。

9.切配菜砧板必须保持清洁、卫生、整洁。用后竖放固定位置,每周清洗,定期消毒。

10.不锈钢水斗内外必须保持清洁、光亮。遇有下水道不通或溢水要及时报修。

11.灶台清洗干净。锅具必须清洁,排放整齐。各种调料罐、缸,必须清洁卫生并加盖。

12.炉灶周围瓷砖清洁、无油腻,炉灶排风要定期清洗,不得有油垢。

13.厨房、冰箱等设备损坏应及时报修。

14.发现四害,马上报"酒店卫生保洁部门"灭虫。

15. 按政府有关规定,禁止出售禁用的食品。

小贴士

　　采取适当的烹调方法,能有效减除或消除原料中对人体不利的成分,确保食品安全。例如,人们常通过飞水去除菠菜、苋菜、茄子等原料中的有机酸,可防止其与人体摄入的其他高钙或高蛋白质食物在体内形成不能被吸收的结石性有机物,如鞣酸蛋白、草酸钙等。再如,烹饪鲜黄花中的秋水仙碱;加工发芽土豆时,除去净皮、芽周围组织外,还应注意煮熟煮透,辅加适量的醋,以破坏所含有对人体有害的龙葵素碱;烹饪制四季豆时,注意须长时间煮沸,加热彻底才能破坏所含有的对人体不利成分——皂素和豆素;烹制白果时,加热彻底才能免除银杏酸对人体的毒害;烹制含氰苷的木薯、苦杏仁、桃仁等,加热彻底并不加盖烹制,可让生长的氰氢酸挥发;加热被绦虫、肝吸虫、蛔虫等寄生虫卵污染的食品,应使加热时间稍长,使原料内部中心温度达到杀菌温度时,才能彻底灭杀寄生虫。

案例分析

　　2004年4月27日16时40分,有人在某学院食堂用餐后先后出现呕吐、腹泻、头晕等症状,被送往医院急诊。卫生监督员立即赶至该医院进行流行病学调查,同时对某学院食品生产经营场所进行现场检查。经流行病学调查,证实21名病人出现呕吐、腹泻症状是由于食用了未加热彻底的芸豆所致。

　　经调查分析,21名病人中有学生、教师、临时工,就餐场所均在该学院食堂二层餐厅,自4月25日早餐至27日午餐21名病人只有在4月27日午餐有共同进餐史,确定食物中毒的餐次是4月27日午餐;在食堂就餐,菜的品种很丰富,进食食品比较复杂,芸豆炒鸡块是共同进餐食品,同时对另一名未食用芸豆炒鸡块的学生作为对照,该学生无任何不适症状,确定中毒食品是芸豆炒鸡块。

　　对做这道菜的厨师进行调查,厨师陈述芸豆用水泡好后再用水焯5分钟后再在油锅中炒3分钟,就出菜了。另外,在流调过程中,病人陈述所吃芸豆未熟透,发硬。

　　芸豆,属于菜豆属,多花菜豆种。菜豆属中各种豆类成分中含有抗营养因子,抗营养因子为植物血细胞凝集素,对人体是有害的,对热呈不稳定性,未加热彻底会对人体有害。菜豆中毒的潜伏期一般为2～4小时,短者为1小时,长者可达15小时;中毒表现主要有恶心、呕吐、腹泻、腹痛、头晕、头痛等,体温一般正常;病程短,恢复快,大多数病人在24小时内恢复健康,愈后良好。

　　在日常生活中,老百姓俗称的白不老、架豆、蛇豆、东北大油豆、扁豆等豆角,均属于菜豆属,为普通菜豆种,也有菜豆属的特性,即含有抗营养因子植物血细胞凝集素。而俗称豇豆、豌豆、眉豆的豆角,分别属于豇豆属、豌豆属、扁豆属。豇豆、豌豆属虽然也含有抗营养因子植物血细胞凝集素,但含量极微;扁豆属(尤其是种子)含有植物血细胞凝集素,也需加热,彻底将其破坏。豇豆属、豌豆属、扁豆属、菜豆属如果以植物血细胞凝集素含量由高到低排序依次为扁豆属、菜豆属、豇豆属、豌豆属。

十一、冷菜加工要求

凉菜,在饮食业俗称冷菜或冷盘。它是具有独特风格、拼摆技术性强的菜肴,食用时都是吃凉的,称之为凉菜。凉菜大部分是熟料,因此这与热菜烹调方法有着截然的区别,它的主要特点是:选料精细、口味干香、脆嫩、爽口不腻、色泽艳丽、造形整齐美观、拼摆和谐悦目。

由于凉菜是事先做好的,因此凉菜在制作后存放的过程中,要注意凉菜的食品安全问题,特别是夏季,天气炎热,细菌容易繁殖。一般来说,凉菜一次性不要做得太多,能吃多少做多少。

(一)凉菜配制操作规程和要求

1. 操作人员进入专间前应更换洁净的工作衣帽,并将手洗净、消毒,工作时应戴口罩。

2. 加工前应认真检查待加工食品,发现有腐败变质或者其他感官性状异常的,不得进行加工。

3. 专间内应当由专人加工制作,并相对固定,非操作人员不得擅自进入专间。不得在专间内从事与凉菜加工无关的活动。

4. 加工前应认真检查待配制的成品凉菜,发现有腐败变质或者其他感官性状异常的,不得进行加工。

5. 食品添加剂的使用应符合《食品添加剂使用卫生标准》(GB2760)的规定,并应有详细记录。

6. 专间每餐(或每次)使用前应进行空气和操作台的消毒。使用紫外线灯消毒的,应在无人工作时开启30分钟以上,并做好记录。

7. 专间内应使用专用的设备、工具、容器,用前应消毒,用后应洗净并保持清洁。

8. 供配制凉菜用的蔬菜、水果等食品原料,未经清洗处理干净的,不得带入凉菜间。

9. 制作好的凉菜应尽量当餐用完。剩余尚需使用的应存放于专用冰箱中冷藏或冷冻,食用前要加热的应按照《食品安全操作规范》的相应规定进行再加热。

(二)凉菜卫生操作规范

1. 冰箱

(1)打开门,清理出前日剩余食品,用洗涤剂水擦洗内部,洗净所有屉架及内壁、底角四周,捡去底部杂物,擦去留有的水和菜汤。

(2)冰箱内侧的密封皮条和排风口擦至无油污,无霉点,用3/10000的优氯净将冰箱内全部擦拭一遍消毒。

(3)把回火的菜和当天新做的菜肴放入消毒后的器皿中凉透后,加封保鲜膜,有层次有顺序地放入冰箱中,不得直接摆放。

(4)外部用洗涤剂水擦至无油,用清水擦两遍冰箱把手和门沿的油泥,用清水擦净,再用干布把冰箱整个外部擦干至光洁。

(5)用夹子将在3/10000优氯净中浸泡20分钟的小毛巾夹在冰箱把手处,以便手和冰箱不直接接触,以免交叉污染,小毛巾须保持湿润,以保证消毒的效果。

(6)把冰箱底部的腿、轮子擦至光亮。

(7)标准:温度合理,内部干净,无积水、无异味,无带泥制品,无脏容器和原包装箱,无罐头制品,码放整齐,符合卫生标准,外部干净明亮,内外任何地方无油泥和尘土,应该加火的原材料交到灶上回火,能利用的食品在符合卫生的情况下应尽量避免浪费,充分利用,不得放入私人物品。

2.设备、用具

(1)用前用热水擦洗干净后,用3/10000的优氯净消毒;用后用热水加洗涤剂倒在墩子上,用板刷把整个墩子刷洗一遍,然后用清水冲净,竖放在通风处,每两天用气锅蒸煮20分钟。

(2)刀在油石上磨快,磨亮,有重度铁锈时用去污料擦掉,有油时用洗涤剂洗净,用前消毒,用后擦干净;放通风处定位存放。

(3)熟食品器皿做到专消毒、专保存、专使用。

标准:干净光亮,无油迹,墩面洁净、平整,无异味,无霉点,无油迹、无铁锈、刀锋利,无杂物,经过消毒。

3.消毒灯、灭蝇灯

(1)每天把紫外线消毒灯在关掉电源的情况下,擦净灯罩、灯管,定期检查紫外线灯管是否有效,及时更换,开餐前和开餐后保证20分钟紫外线的空气消毒工作。

(2)关掉电源,用干布掸去灯网内的尘土,用湿布擦净上面各部位的尘土,待其干后通电使用。

(3)标准:无尘土,定时开关,紫外线灯管保证有效,无死蝇,使用正常。

4.冷荤间内所有操作台面

(1)上班后,操作前用洗涤剂把不锈钢操作台面擦两遍后,用3/10000的优氯净消毒水擦拭一遍后用干净无油的布擦干。

(2)操作期间不与台面直接接触,应放入消毒后的专用不锈钢盘内。

(3)下脚料不堆放在桌面上,应放入下脚料的盆或盘中,随时保持桌面整洁、利落。

(4)标准:干净,卫生光亮,整洁无油,利落。

小贴士

引发凉菜食物中毒的原因主要有:

1.冷菜加工间脏乱差,空气中的细菌总数偏高。

2.生熟交叉污染,熟食品被生的原料污染。

3.水产品、肉食品原料在运输和贮藏过程中,受到细菌污染。

4.冷菜贮存时间过长。如果饭店的订餐客人较多,那么,需提前几小时将一些费时费工的菜肴加工好,等客人来了食用。这样一来,富含蛋白质和水分的菜肴在高温环境下贮存几个小时,就很容易腐败变质。

5.一些速冻的食品原料,如果按照常规方法解冻、加热烹制,则不能对原料内部充分加热,也不能充分杀灭内部的细菌。

6.长时间储存的食品在回锅时,没有充分加热,其中心温度没有达到70℃以上。

7.冷菜生产和递送人员身体带有细菌,致使冷菜受到污染。

8.为了追求营销数量,一些饭店在面积狭小的车间内超负荷生产冷菜,导致加工设施满足不了生产需要、生熟交叉污染、原料不能被充分加热等问题的发生。

案例分析

案例1

2014年10月4日晚,多位市民于绍兴市区城西某星级大酒店赴喜宴后,出现腹痛腹泻症。据绍兴市卫生监督所有关人士介绍,可以确认,这是一起食物中毒事件,根据食物中毒的诊断标准,至晚上9:00时,初步统计中毒人数为94人。从患者的情况来看,大部分患者症状较轻,以腹痛、腹泻、呕吐为主,经治疗后均已出院。绍兴市卫生监督所有关人士介绍,初步分析,中毒是由一种叫"副溶血弧菌"的细菌污染所致,由于细菌培养需要一段时间,肇事的具体菜肴还不能确定,但估计是某道冷菜。但可以确认是酒店方的责任,卫生部门已对该酒店进行立案调查。

案例2

俞女士一家一日晚上在金悦大酒店请亲戚吃饭,一共两桌20人,参加聚餐的人饭后几乎出现腹痛、恶心、腹泻症,全进了医院。金悦大酒店老总表示,事情发生后饭店方面很重视,除了领导和员工前来慰问病人之外,他们还为有需要的病人安排了陪护。

经有关部门的化验结果,初步断定是沙门氏菌引起的食物中毒。饭店方面对当日各桌的菜单进行对比分析后发现,出现食物中毒的几桌客人都点了一道叫"素三丝"的冷菜。这道菜由豆腐卷和一种菇类制作而成,这道菜产生沙门氏菌污染的可能性最大。"这道菜已经推出很久了，一直没有出现过什么问题，至于这次为什么会发生这样的情况，我们也在找原因。"金悦大酒店老总说，"目前我们饭店已经暂停所有冷菜的供应，认真检查出事原因。"

十二、面点制作要求

面点，就是以各种粮食为原料，或以粮食作为主要原料，配以不同的肉类、鱼虾类、杂品类、禽蛋类及鲜奶类等辅助原料，经过加工而成的具有一定营养价值的米面制品。概括来说，面点就是一种营养丰富、色香俱佳、味型鲜美的食品。包括米饭，面食、粉团、糕点，也包括正餐宴席中的各式点心及民间小吃、早茶、早点等。面点不仅可以与菜肴紧密配合，同时，也可以独立存在，如各地的包子店、烧饼店、饺子店等。面点虽好，但在加工制作中也有许多食品安全问题需要注意。

(一)点心制作要求

1.加工前应认真检查待加工食品，发现有腐败变质或者其他感官性状异常的，不得进行加工。

2.需进行热加工的应按《食品安全操作规范》第二十二条第三项要求进行操作。

3.未用完的点心馅料、半成品，应冷藏或冷冻，并在规定存放期限内使用。

4.奶油类原料应冷藏存放。水分含量较高的含奶、蛋的点心应在高于60℃或低于10℃的条件下贮存。

(二)点心加工操作规程

1.点心部烹调加工食物用过的废水必须及时排除。

2.地面天花板、墙壁、门窗应坚固美观，所有孔、洞、缝、隙应予填实密封，并保持整洁，以免蟑螂、老鼠隐身躲藏或进出。

3.定期清洗抽油烟设备。

4.工作案台，橱柜下内侧及点心间死角，应特别注意清扫，防止残留食物腐蚀。

5.食物应在工作台上操作加工，并将生熟食物分开处理、刀、菜墩、抹布等必须保持清洁、卫生。

6.食物应保持新鲜、清洁、卫生，并于清洗后分类用塑料袋包紧，或装在带盖的容器内分别储放冷藏区或冷冻区，要确定做到勿将食物在生活常温中暴露太久。

7.凡易腐败的食物，应储藏在0度以下冷藏容器内，熟的与生的食物分开储放，防止食物间串味，冷藏室应配备脱臭剂。

8.调味品应以适当容器装盛，使用后随即加盖，所有器皿及菜点均不得与地面或污垢接触。

9.应备有密盖污物桶,潲水桶,潲水最好当天倒除,不在厨房隔夜,如需要隔夜倒除,则应用桶盖隔离,潲水桶四周应经常保持干净。

10.员工工作时,工作衣帽应穿戴整洁,不得留长发、长指甲,工作时避免让手接触或沾染成品食物与盛器,尽量利用夹子、勺子等工具取用。

11.在点心部工作时,不得在工作地域抽烟,咳嗽、吐痰、打喷嚏等要避开食物。

12.工作人员工作前、方便后应彻底洗手,保持双手的清洁。

13.清洁扫除工作应每日数次,至少有两次清洁完毕,用具应集中处置,杀虫剂应与洗涤剂分开放置,并指定专人管理。

十三、烧烤加工要求

烧烤是人类最原始的烹调方式,是指在火上烧以及火的热量,把食物加热。现在一般是指火上将食物(多为肉类)烹调至可食用。

现代社会,由于有多种用火方式,烧烤方式也逐渐多样化,发展出各式烧烤炉、烧烤架、烧烤酱等。由于将肉类烘烤时会产生烟雾,常见的烧烤都是在户外进行。但不少餐厅也发展出室内烧烤的用餐形式,称之为烤肉店,也就是在室内每人座位前有按在桌子当中的烧烤架或烤盘,放上木炭或用气灶和电烤炉,架上网架或栏架、烤盘或烤炉让消费者自行将生肉烤熟的方式。

苯并芘又称苯并(a)芘,是一种多环芳烃,具有致癌性和致畸性,被国际癌症研究机构IARC列为Ⅰ类致癌物质。烧烤肉制品中的苯并芘是食品在烧烤,烟熏,烘烤时,脂肪因高温裂解,产生的大量自由基通过热聚合反应生成苯并芘。经常大量摄入烧烤食品对健康具有潜在危害。

(一)烧烤加工要求

1.加工前应认真检查待加工食品,发现有腐败变质或者其他感官性状异常的,不得进行加工。

2.原料、半成品应分开放置,成品应有专用存放场所,避免受到污染。

3.制作过程生熟严格分开,防止交叉污染,装盛熟食的容器必须经过消毒。

4.按规定要求正确使用食品添加剂。淋浇用的蜜糖、麦芽糖在使用前应经过滤、煮沸消毒,用后加盖存放。

5.废弃物品应放入带盖的垃圾桶内,不得外溢,及时清理。

6.烧烤时应避免食品直接接触火焰。

7.保持场所卫生整洁,地面无残渣、污物,工作结束及时将用具容器等洗刷干净。空调装置定期清洗消毒。

(二)烧烤加工操作规程及要求

1.用于烧烤的食物应符合国家有关食品安全标准和规定的有关要求,并应进行验收,不得采购国家《食品安全法》第二十八条规定禁止生产经营的食品和《中华人民共和国农产品质量安全法》第三十三条规定不得销售的农产品。

2.烧烤食物采购时应索取发票等购货凭据,并做好采购记录,便于溯源;向食品生产单位、批发市场等批量采购食品的,还应索取许可证、检验(检疫)合格证明等。

3.烧烤食物入库前应进行验收,出入库时应登记,做好记录。

4.烧烤食物运输工具应当保持清洁,防止食品在运输过程中受到污染。

(三)餐饮业烧烤制作卫生管理制度

1.场所必须按宰杀—粗加工—腌制—烧烤卤肉间—晾凉分设场所(间)。

2.所用畜禽肉类必须经过兽医检疫合格后方可使用。

3.烧烤卤制肉类食品严禁使用亚硝酸盐,使用其他食品添加剂要经卫生监督机构允许方可使用。

4.制作间必须设洗手消毒水池及设施。

5.切配烧烤卤制熟食品间要设紫外线消毒灯,定时对案板及空间进行消毒处理。

6.切配烧烤卤制熟食品要专人负责,有专用工具,防止生熟交叉污染。

7.防蝇、防尘、防鼠、防腐卫生设施要完备。

8.从业人员必须穿戴整洁卫生的衣帽、口罩,保持个人卫生。

十四、现榨饮料的加工要求

现榨饮料是指以新鲜水果、蔬菜及谷类、豆类等杂粮为原料,在符合食品安全要求的条件下,现场制作的供消费者直接饮用的非定型包装饮品。根据原辅料及加工工艺不同,现榨饮料分为现榨果蔬汁和现榨杂粮饮品。

水果拼盘就是将至少两种以上的水果切成方便食用的形状,而后拼摆在同一精致果盘里。

用于现榨果蔬汁和水果拼盘的瓜果应新鲜,表皮无破损,并经彻底清洗。未经清洗处理的不得使用。制作的现榨果蔬汁和水果拼盘应当餐用完,过餐均不得再次食用。水果榨汁机使用前清洗消毒,使用后清洗保洁。

现榨饮料和水果拼盘不得使用食品添加剂,不得使用非食品原料;不得使用回收的食品做原料。现榨饮料果蔬必须新鲜、无腐烂、无霉变、无虫蛀、无破损等。杂粮及其制品必须无霉变、无虫蛀、无腐败变质、无杂质等。

餐饮服务提供者不得供应腐败变质、酸败、霉变生虫、混有异物、掺杂作假、隔顿隔夜或者感官性状异常的现榨饮料。现榨杂粮饮品应烧熟煮透后方可供应。

餐饮服务提供者应当建立健全现榨饮料从业人员健康管理制度。患有痢疾、伤寒、病毒性肝炎等消化道传染病的人员,以及患有活动性肺结核、化脓性或者渗出性皮肤病等有碍食品安全疾病的人员,不得从事现榨饮料工作。

由于水果拼盘制作从选料、制作、保鲜等环节比较复杂,因此选择的水果一定要是熟的、新鲜的、卫生的。同时注意制作拼盘的水果不能太熟,否则会影响加工和摆放。在制作过程中,要注意防止交叉污染,还要注意器皿和工具的卫生。

(一)现榨饮料及水果拼盘制作要求

1.从事饮料现榨和水果拼盘制作的人员操作前应清洗、消毒手部,操作时佩戴口罩。

2.用于饮料现榨及水果拼盘制作的设备、工具、容器应专用。每餐次使用前应消毒,用后应洗净并在专用保洁设施内存放。

3.用于饮料现榨和水果拼盘制作的蔬菜、水果应新鲜,未经清洗处理干净的不得使用。

4.用于制作现榨饮料、食用冰等食品的水,应为通过符合相关规定的净水设备处理后或煮沸冷却后的饮用水。

5.制作现榨饮料不得掺杂、掺假及使用非食用物质。

6.制作的现榨饮料和水果拼盘当餐不能用完的,应妥善处理,不得重复利用。

(二)现榨果蔬汁及水果拼盘制作操作规程

1.从事现榨果蔬汁和水果拼盘加工的人员操作前应更衣、洗手并进行手部消毒,操作时佩戴口罩。

2.现榨果蔬汁及水果拼盘制作的设备、工具应专用。每餐次使用前应消毒,用后应洗净并在专用保洁设施内存放。

3.用于现榨果蔬汁和水果拼盘的瓜果应新鲜,未经清洗处理的不得使用。

4.制作的现榨果蔬汁和水果拼盘应当餐用完。

现榨果蔬汁,100%原果汁,无任何漂浮物和沉淀物,可看见不规则的细微果肉,并允许有一定的沉淀。有些果汁饮料都要加糖、食用色素、香料等,所以,不可饮用过多,否则会抑制食欲或过多摄入糖分,导致肥胖。

第七章

筵席的摆台与服务

第一节　筵席服务的内容

一、掌握筵席服务的内容

中式筵席是使用中国餐具、使用中国菜肴，采用中国服务的筵席，除正式的招待筵席外，还有婚宴、寿宴等也采用中式筵席形式。它的特点是：具有交际性，聚餐式和规格化三方面，是一种重要的交际形式，讲究规格和气氛，接待隆重。

(一)开宴前的服务程序

1.筵席的承接

首先由筵席部主管或营销部工作人员受理筵席预订，宴请活动的最后确认要由餐饮部经理批准执行，一经确定，则首先签订宴请合同，然后通知筵席部做好前厅的筹备工作。

(1)受理筵席预订

受理筵席预订时，需要掌握客人与筵席有关的情况，包括以下几个内容：

①八知：知台数、知人数、知筵席标准、知开餐时间、知菜式品种、知主办单位或房号、知收费办法、知邀请对象及出菜顺序。

②三了解：了解宾客风俗习惯、了解宾客生活忌讳、了解宾客特殊需要。

如果是外宾，还应了解国籍、宗教、信仰、禁忌和品味特点。

(2)签订筵席合同

即填写筵席预订单、收筵席预订金或抵押支票，最后由双方签字生效。

(3)通知筵席部做准备工作

将客人预订筵席的详细情况以书面形式通知筵席服务部门或人员。

(二)筵席联络与准备

1.正式举办筵席前厨房部、筵席厅、酒水部、采购部、工程部、保安部等各有关部门密切配合、通力合作，共同做好筵席前的准备工作。首先召开全体工作人员会议，传达信息，要求每位服务人员都要做到"八知""三了解"。

2.明确分工。规模较大的筵席,要确定总指挥人员,在准备阶段,要向服务人员交任务、讲清意义、提出要求、宣布人员分工和服务注意事项。

在人员分工方面,要根据筵席要求,对迎宾、值台、传菜、酒水,及贵宾室(VIP-ROOM)等岗位,都有明确分工。每位服务人员都要有具体任务,将责任落实到个人,做好人力、物力的充分准备。要求所有服务人员从思想上重视,工作严谨,服务热情、主动、细致、礼貌、周全、气氛热烈,保证筵席善始善终。

3.服务员按餐厅要求着装,按时到岗。

4.按餐厅要求进行卫生打扫,要求摆位规范器皿齐全,四周墙壁、家私、桌椅无灰尘。

(三)筵席前必需的组织准备工作

在开餐前一定时间内开始进行筵席前的组织准备工作,各大酒店对这段时间的长短有不同规定。另外还要依据筵席的规模档次,以及筵席厅布置的烦琐程度来确定。一般场景在开餐前4小时开始布置,台型布置在开餐前2小时开始布置,筹备工作从开餐前8小时即开始准备。

1.场景布置

根据宾客要求及宴请标准进行场景布置,一般在筵席厅周围摆放盆景花草,或在主台后面用花坛、画屏、大型青翠树枝盆景装饰,用于增加筵席的隆重、盛大与热烈欢迎的气氛。如是喜宴场景布置,在靠近主桌前方或厅内醒目位置悬挂"喜"或"寿"字,以渲染气氛。

2.台型布置

管理人员要根据筵席前掌握的情况,按筵席厅的面积和形状及筵席要求,设计好餐桌排列图,研究具体措施和注意事项。设计时要按筵席台型布置的原则,即"中心第一,先左后右,高近低远"的原则来设计。在布置过程中做到餐桌摆放整齐、横竖成行、斜对成线,既要突出主台又要排列整齐,间隔适当;既要方便就餐,又要便于服务员席间操作。通常筵席每桌占地面积标准为10～12平方米,桌与桌之间距离为两米以上,重大筵席的主通道要适当地宽敞一些,同时铺上红地毯,突出主行道。

3.熟悉菜单

服务员应熟悉筵席菜单和主要菜点的风味特色,以做好上菜、派菜和回答宾客对菜点提出询问的思想准备。同时,应了解每道菜的上菜程序,保证准确无误地进行上菜服务。

对于菜单,应做到:能准确说出每道菜的名称,能准确描述每道菜的风味特色,能准确讲出每道菜的配菜和配食佐料,能准确知道每道菜肴的制作方法,以便服务每道菜肴。

4. 物品的准备

根据菜单的服务要求,准备好各种金器、银器、瓷器、玻璃器皿等餐具酒具、备好菜肴应跟配的佐料,开水、茶叶,备好鲜花、酒水、香烟、水果以及服务中所用物品(毛巾、分餐用具、笔、开瓶器、脏物夹等)。

准备物品时要注意,重点筵席要多准备一些菜单,做到人手一份,要求封面精美、字体规范,可留作纪念。

5. 铺设餐台

餐具和餐巾的位置,将正、副主人的座位拉开对正,然后把其他座位按均等的距离拉好摆好。

6. 安排席位

凡正式宴请,每个客人座位前都放席卡,通常叫作"名卡"。卡片上写有参加者的姓名,便于对号入座。座次的安排一般依身份而定。

7. 摆设冷盘

大型筵席开始前15分钟左右摆上冷盘,然后斟预备酒。所谓预备酒,一般斟白酒,以示庄重;另一方面像其他酒水如葡萄酒、啤酒、饮料等也不适合预先斟倒,斟倒预备酒的意义就在于宾主落座后,致辞,然后干杯,这杯酒如果不预先斟好,宾客来后再斟,会显得手忙脚乱。

摆设冷盘时,前面我们也讲过要根据菜点的品种和数量,注意菜点色调的分布,荤素的搭配,菜型的反正,刀口的逆顺,菜盘间的距离,等等,使摆台不仅是为宾客提供一个舒适的就餐地点和一套必需的进餐工具,而且能给宾客以赏心悦目的艺术享受,为筵席增添隆重又欢快的气氛。

准备工作全部就绪后,筵席管理人员要作一次全面的检查。从台面服务、传菜人员等分派是否合理,到餐具、饮料、酒水、水果是否备齐;从摆台是否符合规格,到各种用具及调料是否备齐并略有盈余;从筵席厅的清洁卫生是否搞好,到餐酒具的消毒是否符合卫生标准;从服务员的个人卫生、仪表装束是否整洁,到照明、空调、音响等系统功能是否正常工作等,都要一一进行仔细的检查,做到有备无患,保证筵席按时保质举行。

(四)筵席的迎宾工作

1. 热情迎宾

根据筵席的入场时间、筵席主管人员和迎宾员提前在筵席厅门口迎候客人,值台服务员站在各自负责的餐桌旁准备服务。宾客到达时,要热情迎接、微笑问好,待宾客脱去衣帽后挂好,表情自然大方,将宾客引入休息厅就座休息,回答宾客问题和引领宾客时注意使用敬语,做到态度和蔼,语言亲切。

2.接挂衣帽

如筵席规模较小,可不设专门的衣帽间,只在筵席厅房门前放衣帽架,安排服务员照顾宾客宽衣并接挂衣帽。

如筵席规模较大,则需设衣帽间凭牌存取衣帽。接挂衣物时应握衣领,切勿倒提,以防衣袋内的物品倒出。贵重的衣物要用衣架,以防衣服走样。重要宾客的衣物,要挂于显眼处凭记忆进行准确的服务,贵重物品请宾客自己保管。

3.端茶递巾

宾客进入休息厅后,服务员应招呼入座并根据接待要求,递上香巾、热茶或酒水饮料。宾客抽烟,应主动为其点火。递巾送茶服务均按先宾后主、女士优先的原则。

二、筵席中的就餐服务

(一)入席服务

值台服务员在开宴前5分钟斟好果酒,站在各自服务的席台旁等候宾客入席。(注:目前,许多非正式的中餐筵席受西餐筵席的影响,在开宴前祝酒时饮用的第一杯酒也改为低度果酒,果酒颜色艳丽,为筵席增添欢快气氛,同时果酒酒度较低,也符合饮酒规律。但果酒不能斟倒太早,尤其是香槟,应待宾客临近入席时斟酒。高档正式筵席第一杯酒还应是中国酒)当宾客来到席前,要面带笑容,引请入座。在照顾宾客入座时,用双手和右脚尖将椅子稍稍撤后,然后徐徐向前轻推,让宾客坐稳坐好。照顾宾客入席应按先女宾后男宾、先主宾后一般宾客的顺序进行。对年老行动不便的宾客或年幼的宾客要优先照顾。

待宾客坐定后,即把台号、席位卡、花瓶或插花拿走。菜单放在主人面前,为宾客服务递一条毛巾,接着问茶并主动介绍供应的品种,打开口布轻轻铺在客人腿上,撤下筷套,迅速上茶,根据客人的要求斟倒酒水或饮料。

(二)斟酒服务

1.为宾客斟倒酒水时,要先征求宾客的意见,根据宾客的要求斟倒各自喜欢的酒水饮料,如宾客提出不需要,应将宾客前的空杯撤走。

2.斟酒时,服务员应站在来宾的身后右侧,右脚向前,身体微倾,右手持瓶底部,酒瓶的商标面向来宾,瓶口离杯口1~2厘米,斟至8分满即可。

3.在只有一名服务员斟酒时,应从主宾开始,再主人,然后顺时针方向进行(如有女宾客,按女士优先的原则)。

在有两个服务员为同一桌来宾斟酒时,一个从主宾开始,另一个从副主宾开始斟酒,然后按顺时针方向进行。

4.在宾主互相祝酒讲话前,服务员应斟好所有来宾的酒或其他饮料。在宾主讲话时,服务员停止一切活动。讲话结束后,如果宾主间的座位有段距离,服务员应准备好两种酒,放在小托盘中,侍立在旁,并在主宾端起酒杯后,迅速离开。如果宾主在原位祝酒,服务员应在致辞完毕干杯后,迅速给其续酒。

5.当客人起立干杯、敬酒时,要帮客人拉椅子(即向后移),然后迅速拿起酒瓶跟随客人准备添酒,添酒量应随客人的意愿。宾主就坐时,要将椅子推向前。拉椅、推椅都要注意客人的安全。

6.宾客离开座位去敬酒时,要将客人的席巾叠好放在客人的筷子旁边,席巾折成好看的图形。

7.在筵席中,服务员要随时注意每位来宾的酒杯,见喝剩1/3时,应及时添加。斟酒时注意不要弄错酒水。

8.筵席期间要及时为客人添加饮料、酒水,直至客人示意不要为止(如酒水用完应征询主人意见是否需要添加)。

(三)上菜服务

各类不同的筵席,由于菜肴的搭配不同,上菜的顺序也不尽相同。这都要根据宴席类型、特点、需要,因人、因事而定。基本原则是既不可千篇一律,又要按照中餐筵席相对稳定的上菜顺序进行。

现在中餐筵席上菜顺序与传统上菜顺序有所区别,各大菜系之间也略有不同。一般是:冷盘、热炒、大菜、汤菜、炒饭、面点、水果。上汤则表示菜已上齐,有的地方还有上一道点心再上一道菜的做法。

粤菜的上菜顺序则是:冷盘、羹汤、热炒、大菜、青菜、点心、炒饭、水果。上青菜则表示菜已上齐。

上菜时,要注意以下几点:

1.在筵席中,每种菜肴应遵循一定的顺序。除上述顺序外,总的原则是:先冷后热,先炒后烧,先咸后甜,先清淡,后味浓。

2.要选择正确的上菜位置,操作时站在译陪人员之间,即"上菜口"的位置,将菜盘放在转盘中间。凡是鸡、鸭、鱼整体或椭圆形的大菜盘,在摆放后应转动转盘、将头的位置转向主人,使腹部或胸脯正对主宾(注意:要根据各地的风俗习惯而定。如有些地区遵循鸡不献头、鸭不献掌、鱼不献脊的说法)。

3.每上一道菜要后退一步站好,然后要向客人介绍菜名和风味特点,表情要自然,吐字要清晰。如客人有兴趣,则可以介绍与地方名菜相关的民间故事,有些特殊的菜应介绍食用方法。在介绍前,将菜放在转台上,向客人展示菜的造型,使客人能领略到菜的色香味形质,边介绍边将转台旋转一圈,让所有的客人均可看清楚。

4.上菜之前,应先把旧菜拿走。如盘中还有分剩的菜,应征询宾客是否需要添加,在宾客表示不再需要时,方可撤走。保证台面间隙适当,严禁盘上叠盘。

5.上菜时间注意主场控制得宜,不可时快时慢,并遵循右上右撤的服务原则,不能跨位递撤。

(四)筵席的派菜服务

筵席的派菜服务是要求服务人员主动均匀地为客人分菜、分汤。凡是筵席都要主动均匀地为客人分菜分汤,分派时要胆大心细,掌握好菜的分量与数量,做到分派均匀。凡配有佐料的菜,在分派时要先蘸(夹)上佐料再分到餐碟里,分菜时应站在客人的左侧,左手垫一毛巾托菜,右手用叉勺。操作次序也是先宾后主,顺时针方向分派。

目前中式筵席有多种派菜方法:

1.服务人员左手托盘,右手拿叉与勺,将菜在客人的左边派入客人的餐盘中。

2.将菜盘与客人的餐盘一起放在转台上,服务员用叉和勺将菜分派到客人的餐盘中,而后由客人自取或服务员协助将餐盘送到客人面前。

3.将菜在转台向客人展示后,由服务员端至备餐台,将菜分派到客人的餐盘中,而后用托盘将菜送至筵席桌边,用右手从客人的右侧放到客人的面前,与此同时,应先将客人面前的污餐盘收走。

三种派菜方法各有特点,究竟采用何种方法,应由餐厅统一规定。对于大型筵席,每一桌服务人员的派菜方法应是一致的,这样可显出整个筵席气氛的一致性和服务人员的训练有素。派菜时,应将有骨头的菜肴,如鱼、鸡等大骨头剔除。派菜要均匀,如客人表示不要此菜,则不必勉强。

4.上菜时,先上酱料再上菜,注意菜要趁热上,上台后方可打开菜盖介绍菜名后再分菜。

5.分菜时尽可能避免发出声响,并注意主配料搭配均匀及分菜分量。

(五)甜品的服务

1.所有菜及主食上完后,在上甜食前,服务员要将用过的餐具全部撤掉,只留水杯及葡萄酒杯于台面,并换上新餐具及水果叉。

2.待客人用完甜食后,服务员要为客人换上一条新毛巾并送上茶水。

值得注意的是,多台筵席甜食的服务时间要看主台的节奏,听指挥,看信号或听音乐(采取什么方法由筵席部定),做到行动统一,以免造成早上或迟上。

为了保证菜点的质量(火候、色泽和温度等),使宾客吃后满意,服务员应加强前后台的联系,恰到好处地掌握上菜的时间和速度。菜上得过慢,会造成空盘或冷菜、汤凉的现象;如果菜上得过快,会使宾客吃不好和有被催促的感觉。特别是当主人和主宾即席致祝酒词时,要和厨房及时联系,采取措施,同时要根据席上客人食用的情况,保持和厨房的紧密配合,通常是客慢则慢,客快则快。

(六)撤换餐具

为显示筵席服务的优良和菜肴的名贵,为突出菜肴的风味特点,为保持桌面卫生雅致,在筵席进行的过程中,需要多次撤换餐碟或小汤碗,重要筵席要求每道菜换一次餐碟。一般筵席换碟次数不得少于三次。通常在下述情况下,就应换骨碟。

1. 上翅、羹或汤之前,上一套小汤碗,待宾客吃完后,送上毛巾,收回翅碗,换上干净骨碟。
2. 吃完带骨、刺、壳的食物后,及时更换餐碟。
3. 上芡汁多的食物后应换上干净餐碟。
4. 上甜菜、甜品之前更换所有的餐碟和小汤碗。
5. 上水果之前,更换干净餐碟和上水果刀叉。
6. 残渣骨刺较多或有其他脏物如烟灰、废纸、用过的牙签的餐碟,要随时更换。
7. 宾客失误,将餐具跌落在地的要立即更换。

撤换餐碟时,要待宾客将碟中食物吃完方可进行,如宾客放下筷子而菜未吃完的,应征得宾客同意后才能撤换。撤换时要边撤边换,撤与换交替进行。按先宾后主再其他宾客的顺序先撤后换,站在宾客右侧操作。

(七)席间服务注意事项

筵席进行中,注意四勤(即嘴勤、手勤、腿勤、眼勤)。细心观察宾客的表情及示意动作,眼观六路、耳听八方,采取主动服务。一切行动做在客人开口之前,伸手之先。服务时,态度要和蔼,语言要亲切,动作要敏捷。放餐具要轻拿轻放,右手操作时,左手要自然弯曲放在背后,暂停工作时要站在一边与台面保持一定距离,站立要端正,眼神要专注。如客人的餐巾、餐具、筷子掉在地上应马上捡起,骨碟内脏物不得超过两根骨头或3立方厘米。在撤换菜盘时,如转盘脏了,要及时擦干净。擦时用抹布和一只餐碟进行操作,以免脏物掉到台布上。转盘清理干净后才能重新上菜。若宾客在席上弄翻了酒水杯具,要迅速用餐巾或香巾帮助宾客清洁,并用干净餐巾盖上弄脏部位,为宾客换上新的杯具,然后重新斟上酒水。宾客吃完饭、面点,送上热茶和香巾,随即收去台上除酒杯、茶杯以外的全部餐具。擦净转盘,换上点心碟、水果刀叉、小汤碗和汤匙。然后上甜品、水果,并按分菜顺序分送给宾客。筵席中若有即兴演唱等活动,或临时增加服务项目,服务员要及时与厨师上鲜花,以示筵席结束。

三、筵席的收尾工作

(一)结账准备。上菜完毕后即可做结账准备。清点所有酒水、香烟、饮料、加菜等筵席菜单以外的费用并累计总数,送收款处准备账单,并进行核对。埋单时需用收银本,柔声向客人说金额并道谢。结账时,现金现收。若是签单、签卡或转账结算,应将账单交宾客或筵席经办人签字后送收款处核实,及时入账结算。

(二)拉椅送客。主人宣布筵席结束,服务员要提醒宾客带好随身物品。当宾客起身离座时,要主动为其拉开座椅,以方便离席行走。视具体情况目送或随送宾客至餐厅门口,热情告别。不要在客人刚刚起身还未走出筵席厅时便忙于收台,如筵席后安排休息,要根据接待要求进行餐后服务。

(三)取递衣帽。宾客出餐厅时,衣帽间的服务员根据取衣牌号码或凭记忆及时、准确地将衣帽取递给宾客。

(四)收台检查。在宾客离席的同时,服务员要检查台面上是否有未熄灭的烟头,是否有宾客遗留的物品。在宾客全部离去后立即清理台面。清理台面时,按先餐巾、香巾和金银器,然后酒水杯、瓷器、刀叉筷子的顺序分类收拾。凡贵重餐具要当场清点。

(五)清理现场。各类开餐用具要按规定位置复位,重新摆放整齐,开餐现场重新布置,恢复原样,以备下次使用。

(六)关闭电灯门窗。

收尾工作做完后,领班要作检查。待全部项目合格后方可离开或下班。

四、筵席的注意事项

(一)客人进厅房,如客人脱外套要主动替客人挂好衣帽、提包,如客人有外套挂在椅背上,用洁净餐巾盖上,以防弄污。

(二)服务操作时,注意轻拿轻放,严防打碎餐具和碰翻酒瓶酒杯,从而影响场内气氛。如果不慎将酒水或菜汁洒在宾客身上,要表示歉意,并立即用毛巾或香巾帮助擦拭(如为女宾客,男服务员不要动手帮助擦拭,可请女服务员帮忙)。

(三)撤换餐具要等宾客将盘中食物吃完方可进行,如客人放下筷子而菜未吃完则先向客人示意后再撤。上菜时不得将菜盘摞起来,收盘时不可一摞撤下。

(四)当宾主席间讲话或举行国宴席间演奏国歌时,服务员要停止操作,迅速退至工作台两侧肃立,姿势端正,餐厅内保持安静,切忌发出响声。

(五)筵席进行中,各桌服务员要分工协作,密切配合,服务过程出现漏洞,要立刻互相弥补,以高质量的服务和食品赢得宾客的赞赏。

(六)席间如有事或有电话需要告诉客人,要略欠身,低声细语,不可大声大气,干扰其他宾客,如找身份较高的主宾或主人,应通过主办单位的工作人员或翻译转告。

(七)席间若有宾客突感身体不适,应立即请医务室协助并向领导汇报,将食物原样保存,以便化验。

(八)注意毛巾要夏冷冬热。

(九)筵席结束后,应主动征求宾主和陪同人员对服务和菜品的意见,客气地与宾客道别,当宾客主动与自己握手表示感谢时,视宾客神态适当地握手。

(十)筵席主管人员要对完成任务的情况进行小结,以利于发扬成绩、克服缺点,不断提高餐厅服务质量和服务水平。

第二节　中西餐摆台基本技能

一、中餐摆台的概念和分类

(一)摆台的概念

摆台就是为就餐的宾客确定席位,提供必需的就餐用具的工作。或指餐台、席位的安排和台面的摆设,也叫餐台的设计。

(二)摆台的分类

1.按类别划分,可以分为中餐台面、西餐台面和中西混合台面。
(1)中餐摆台:使用中式餐具,吃中国菜。
(2)西餐台面:使用西式餐具,吃西式菜。
(3)中西混合台面:既摆中式餐具又摆西式的餐具。
2.按用途划分,可以分为食台和看台。
(1)看台:就是专供客人观赏的台面。一般是摆在饭店的大厅起着烘托气氛作用的。
(2)食台:是供客人就餐的餐台,以使用方便为主,餐具也比较简单,不进行刻意的雕琢和装饰。
其中食台又可以分为"素台面"和"花台面"两种。

(三)台面命名的方法

(1)常见的花台有:围台、古钱台、花墩台、七星台、彩蝶台、金鱼台、泥鳅台、五星捧月台、插花台等。
(2)中餐的台面常见的有:方桌台面和圆桌台面。
(3)西餐的台面常见的有:小方桌台面、小圆桌台面、厢坐台面等。

二、中餐摆台的基本要求

(一)摆台要尊重各民族的风俗习惯,符合各民族的礼仪。

(二)小件餐酒具的摆设要配套齐全,整齐划一,均匀美观,相对集中。既方便宾客用膳,又便于席间服务。

(三)装饰台面的造型要美观得体,有艺术性。

(四)操作时必须谨慎小心,手法得当,讲究卫生。

(五)自始至终按顺时针方向摆放,使人看了有流畅感。

三、中餐摆台的注意事项

(一)摆台操作前要洗净双手并消毒。

(二)使用托盘将所用餐具、用具整理好,并检查是否已经清洁或有破损。

(三)将转盘放在餐桌的中心位置上,注意搬抬的姿势要优美。

(四)按规定摆放程序和标准,将各类餐具、酒具、牙签、烟灰缸、餐单、鲜花等依次摆放在适当位置。摆放餐具从主人位开始,按顺时针方向摆放。

(五)摆台时动作要轻稳,不能发出碰撞的声音。

(六)拿餐具时手指不能接触到刀口、杯口以及客人嘴部能触及的部位。

(七)整体检查台面,保证餐具、用具齐全,摆放一致,无破损。

四、服务的基本技能——托盘

(一)按其所托的差别有两种:轻托(又称胸前托)和重托(又称肩上托)。

(二)有理盘、装盘、托盘行走和拾物。

1.理盘:根据不同的用途选择好托盘,洗涤擦干。为了使托盘卫生达到无菌的要求,还可以在盘内垫上经过消毒的茶巾或专用盘布,盘布要铺平拉正。四边与盘底相齐。整理铺垫后托盘既整洁又美观,还可以避免盘内的物品滑动,在盘内的布上洒些清水更能防止物品的滑动。

2.要根据物品的形状、体积和使用的先后顺序进行合理的装盘。盘内的物品要排放整齐,摆成弧形或横竖形。几种物品同时装入盘中时,应注意以下几点:

(1)一般是重物、高物、易倒易碎的物品放在里档,轻物、低物、不容易倒不容易碎的物品放在外档。

(2)先用的(上桌的)物品在前,后用的物品在下、在后。

(3)盘内物品的重量要分布均匀得当,这样装盘安全稳妥,便于运送和进行有条理的派用。

第三节　餐巾折花基本技能

一、餐巾折花的概念

(一)定义

餐巾又名口布、茶巾、席巾、花巾等,是人们就餐时主用的保洁面巾。

(二)餐巾的作用

将餐巾折成各种花形,插在杯上或在骨盘上,已成为一种普通的台面摆设。

保洁:如放在就餐者的胸前或双腿上,防止水和菜汁溅在身上,也可以擦拭餐具等。

美观:折成各种花形,用于装饰点缀席面烘托气氛。

装饰:可以说是无声的语言,能够美化筵席的主题,增加热烈的气氛。

表明宾主的席位:如折成较高或较突出的造型,以示主人的席位。

宣传作用:如在餐巾纸上加印店名、预订电话等。此餐巾客人可以带走。

(三)餐巾常见的色泽、尺寸、质地

1.色泽:以白色为主,其次是黄色、粉红色、绿色、浅蓝色等多种。

白色给人以洁白、端庄、卫生、阔景雅致的感觉。

粉色的或鹅黄色的主要用于喜庆的宴席。

蓝色的是冷色,主要用于庄重的场合或丧事。

绿色的是中性色泽:适用于特别的场合,如流动的船宴,湖边的聚会,以能和周围的环境和氛围相协调为佳。

2.尺寸:40~50厘米见方,根据实际使用效果和筵席的规格档次来定。

3.质地:棉布制品和涤纶化纤制品两种。

棉布制品:优点是吸水性强、去污强、挺括、易折、较好造型。

缺点:每次洗后发硬发僵,需要烫熨,较麻烦。

涤纶化纤：优点是有弹性、较平整、使用方便、易洗、不用烫熨。

(四)餐巾折花概念

是采用不同的折花方法，将餐巾折叠成各种各样的造型，用于点缀装饰席面。

二、餐巾折花的分类

为提高服务的质量和突出筵席的气氛，餐厅的服务人员要掌握餐巾折花的技能。根据餐巾和台布的颜色以及餐具的大小规格等进行构思，使折叠出来的餐巾花同筵席台面融为一体，给人艺术上的享受。另外还要根据中西餐的要求、特点和服务对象的不同分别叠成不同的餐巾花。

(一)餐巾折花的品种众多，按造型的种类与摆设的工具划分，可以分为杯花和盘花两类

杯花：一般需插入杯中以完成造型，取出餐巾即散形。
盘花：一般放入骨碟里或直接放在餐桌上，一般西餐台面都用。现中餐也用。
盘花的特点：造型快速，折叠简单，美观大方。

(二)按餐巾花造型的外观划分，可分为以下几种

1.动物形：以鸟、禽、虫、鱼、兽为主。
2.植物形：四季花卉、夏荷、秋菊、冬梅等造型较多。
3.器物形：模仿生活中的实物，如折扇、西服等。

三、餐巾折花在筵席中的作用

首先，餐桌布置使用口布花是为了美化席面点缀餐桌。隆重而热烈的就餐气氛，光有食品是不够的，通过服务员精心折叠，可使小小的口布折叠成栩栩如生的花、鸟、虫、鱼等各种造型的口布花。当布置在餐桌时，就能起到点缀席面、美化餐桌的作用。它能给酒席和筵席增添热烈欢快的气氛，给宾客以美的享受。

其次，餐桌布置使用口布花是为了突出主题，渲染气氛。筵席的目的性质、规模、规格各不相同，主题不同的筵席上使用不同的造型口布花来渲染气氛，会给宾主造就一个舒适优美的就餐环境，更增添隆重热烈的就餐气氛。

最后，餐桌布置使用口布花是为了标志宾主席位，以示对宾客的尊重。餐桌布置时使用口布花，可以起到标志主、宾席位的作用。如主席位上可摆设既简单又较高造型的口布，如"大叶海棠"等，而主宾席位上可以摆设"迎宾花篮"等。不言而

喻,这是主人对来宾的热烈欢迎。口布花对于交流宾主之间的感情,能收到独特的效果。精美的口布花,就是无声的语言。

(一)零点餐厅的口布花折叠宜为简单的杯花或盘花。

筵席较之零点餐厅的餐饮服务档次高,自然布置应协调,显示对来宾的尊重。而零点餐厅提供随到随点随吃的服务,且零点服务规模小。因此只需折叠简单的杯花或盘花。

(二)团体餐厅口布花布置应体现团体状貌,统一造型的口布花将会更显整齐和美观。目前来我国境内旅游的各国来宾,除特邀的军政要员之外,一般团体客人较多。团体餐厅的布置应呈现团体状貌。统一造型的口布花,特别是平放在服务盘上的盘花,虽然造型简单,但美观大方,操作快捷,适合于接待团体宾客。

(三)筵席厅堂服务时,应选择造型各异、叠法多变、美观精致的口布花,以更有效地烘托筵席厅堂的气氛。

具体需要折叠什么图形的口布花,一般应依据筵席的规模大小、档次高低和不同主题而定,总的原则是:

1.根据筵席的性质来选择花型

依据筵席的性质划分,可分为国宴、正式筵席、普通筵席、酒会等。假如是国宴,它的档次高,选择的厅堂高大,那么一定要选择形体高大的花与叶,这样才能烘托宏大的气氛,才会收到更好的效果。

2.根据筵席的规模来选择花型

一般大型的筵席(如国庆招待会)可选用简单、快捷、挺括美观的花型。小型的筵席可以在同一桌上使用各种不同的花型,精致玲珑的口布花无形中表达了对宾客的欢迎和热情款待。

3.根据时令季节选择花型

用台面上的花型反映出季节的特色,使宾客体会到时令感。如:春天时折叠"飞蝶探花";夏天时折叠"清风徐来";秋天时折叠"枫叶飒爽";冬天时折叠"梅花探春"。

4.根据宾客身份、宗教信仰、风俗习惯和爱好来选择花型

譬如:日本客人喜欢"千寿海龟",意在祝他长寿之意;世界人民希望和平,接待各国军政要员时可折叠"和平鸽"等。

此外,民间的婚宴、寿宴、儿童生日宴时的口布花选择,也应做到有针对性,恰到好处。

一般地说,结婚喜宴上,口布花可选用"鸳鸯""喜鹊""玫瑰花"等花型,这可表达人们对新人的美好祝愿。在为老人举行的寿宴上,口布花选用"寿桃""仙鹤""老树新芽"等花型,这是对老人健康长寿的祝福,会使老年人感到高兴。在为小宾

客举行的儿童生日宴时,口布花可选用"金鱼""蜜蜂""蝴蝶"等花型,因为儿童喜欢各种动物,看到这些口布花一定会增加小朋友的食欲和趣味。

餐巾折花有10种基本折叠方法,它概括了餐巾折花的一般折叠规律。熟悉这些折叠法的特点,对于掌握折叠的手工技巧和创造更多、更美的餐巾折花造型是十分必要的。

(1)正方折叠:餐巾的相对巾边平行,两次对折成正方形。即第一次对折成长方形,第二次对折成正方形(原餐巾的四分之一),这是一种使用较多的折花基本方法。

(2)长方折叠:长方折叠有两种方法,一是双层长方形,同正方折叠的第一次叠法一样;二是多层窄长方形,以折叠层次的多少、距离的改变来满足不同造型的要求。

(3)长方翻角折叠:将餐巾对边相叠成长方形后,再将巾角翻折的一种折叠方法。巾角的翻折有单面翻角、双面翻角、交叉翻角等变化。通过变化折叠的层次、翻角的数量、角度的大小,来达到改变不同造型的目的。

(4)条形折叠:条形折叠就是将餐巾摆平,直接折裥或先对折后折裥使餐巾成为多层次的细长条形的一种折叠方法。条形折叠法分为对边平行折裥和对角折裥两种叠法。

(5)三角折法:将餐巾的相对角对折成两层三角形,或再将三角形的底边对角折成四层三角形。在三角形的基础上,通过卷折、翻折角、插入等方法来改变折花造型。

(6)菱形折法:将餐巾相对角的两边,分别向角的中线对折两次,成菱形的折叠方法。通过变化褶裥的数量,用于调节折叠余下两端的距离,或改变中间相叠部位的宽窄距离,就可以达到不同造型的目的。如不少鸟类和某些动物的造型,均采用此种折叠法。

(7)锯齿折叠:将餐巾按长方形的折法对折,但不要使两角重合,要四角错位,分别成为两个锯齿形,再把角对折即成双齿状。

(8)尖角折叠:将餐巾的一角固定,该角的两边分别向中间折叠或向中间卷折成尖角形。此种方法,适用于折叠一头大一头小的物体造型。

(9)提取翻折:将餐巾摆平,用手指捏住餐巾的中心或四角或四边的中点直接提起,或是固定中心,转动四周巾边,再提取翻折即成。此法提取较简单,但要注意,提取时四角部位不能偏斜,翻折后的巾角要大小一致,否则会影响造型的美观。

(10)翻、折角折叠:将餐巾的一角或数角通过翻折造型,或折裥后进行翻折,用翻、折组合的一种叠法。折角组合的叠法比较麻烦,几个角同时折裥,在组合时,必须十分细心,不能乱了次序。否则无法成形。

第四节　筵席服务基本技能

宴请是国际交往中最常见的交际活动之一。各国宴请都有自己国家或民族的特点与习惯。国际上通用的宴请形式有筵席、招待会、茶会、工作进餐等。举办宴请活动采用何种形式，通常根据活动目的、邀请对象以及经费开支等各种因素而定。

一、筵席服务前的准备工作

(一)确定宴请目的、名义、对象、范围与形式

宴请的目的是多种多样的，可以是为某一个人，也可以是为某一事件。例如，为代表团来访(作为驻外机构，可以为本国代表团前来访问，也可以为驻在国的代表团前往自己的国家访问)，为庆祝某一节日、纪念日，为外交使节或外交官员的到离任，为展览会的开幕、闭幕，某项工程动工、竣工等。在国际交往中，还根据需要举办一些日常的宴请活动。

确定邀请名义和对象的主要根据是主客双方的身份，也就是说主客身份应该对等。例如，作为东道国宴请来访的外国代表团，出面主人的职务和专业一般同代表团团长对口、对等，身份低使人感到冷淡，身份过高亦无必要。又如外国使馆宴请驻在国部长级以上官员，一般由大使(临时代办)出面邀请，低级官员请对方高级人士，就不礼貌。通常如请主宾携夫人出席，主人若已婚，一般以夫妇名义发出邀请。我国大型正式活动以一人名义发出邀请。日常交往小型宴请则根据具体情况以个人名义或以夫妇名义出面邀请。

邀请范围是指请哪些方面人士，请到哪一级别，请多少人，主人一方请什么人出来作陪。这都要考虑多方因素，如宴请的性质、主宾的身份、国际惯例、双方关系以及当前政治气候等。各方面都要想到，不能只顾一面。

邀请范围与规模确定之后，即可草拟具体邀请名单。被邀请人的姓名、职务、称呼，以至对方是否有配偶都要准确。多边活动尤其要考虑政治因素，在政治上相互对立的国家，是否同时邀请其人员出席同一活动，要慎重考虑。

宴请采取何种形式,在很大程度上取决于当地的习惯做法。一般来说,正式、规格高、人数少的以筵席为宜,人数多则以冷餐或酒会更为合适。妇女界活动多用茶会。

目前各国礼宾工作都在简化,宴请范围趋向缩小,形式也更为简便。酒会、冷餐会被广泛采用,而且中午举行的酒会往往不请配偶,不少国家招待国宾只请身份较高的陪同人员,不请随行人员。我国也在进行改革,提倡多举办冷餐会和酒会以代替筵席。

(二)确定宴请时间、地点

宴请的时间应对主客双方都合适。驻外机构举行较大规模的活动,应与驻在国主管部门商定时间。注意不要选择对方的重大节假日、有重要活动或有禁忌的日子和时间。例如,对信奉基督教的人士不要选每个月的十三日,更不要选十三日星期五。伊斯兰教在斋月内白天禁食,宴请宜在日落后举行。小型宴请应首先征询主宾意见,最好相机口头当面邀请,也可用电话联系。主宾同意后,时间即被认为最后确定,可以按此邀请其他宾客。

宴请地点的选择。官方正式隆重的活动,一般安排在政府、议会大厦或宾馆内举行,其余则按活动性质、规模大小、形式、主人意愿及实际可能而定。选定的场所要能容纳全体人员。举行小型正式筵席,在可能条件下,筵席厅外另设休息厅(又称等候厅),供筵席前简短交谈用,待主宾到达后一起进筵席厅入席。

(三)发出邀请和请柬格式

各种宴请活动,一般均发请柬,这既是礼貌,也对客人起提醒、备忘之用。便宴经约妥后,可发也可不发请柬。工作进餐一般不发请柬。有些国家,邀请最高领导人作为主宾参加活动,需单独发邀请信,其他宾客发请柬。

请柬一般提前一周至二周发出(有的地方需提前一个月),以便被邀请人及早安排。已经口头约妥的活动,仍应补送请柬,在请柬右上方或下方注上"To remind"(备忘)字样。需安排座位的宴请活动,为确切掌握出席情况,往往要求被邀者答复能否出席。遇到此情况,请柬上一般用法文缩写注上 R.S.V.P.(请答复)字样,如只需不出席者答复,则可注上 Regrets only(因故不能出席请答复)。并注明电话号码。也可以在请柬发出后,用电话询问能否出席。

请柬内容包括活动形式、举行的时间及地点、主人的姓名(如以单位名义邀请,则用单位名称)。请柬行文不用标点符号,所提到的人名、单位名、节日名称都应用全称。中文请柬行文中不提被邀请人姓名(其姓名写在请柬信封上),主人姓名放在落款处。请柬格式与行文中外文本差异较大,注意不能生硬照译。请柬可以印刷也可以手写,但手写字迹要美观、清晰。

被邀请人姓名、职务书写要准确。国际上习惯对夫妇两人发一张请柬,我国内宾需凭请柬入场的场合每人一张。正式筵席,最好能在发请柬之前排好席次,并在信封下角注上席次号。请柬发出后,应及时落实出席情况,准确记载,以安排并调整席位。即使是不安排席位的活动,也应对出席率有所估计。

(四)订菜

宴请的酒菜根据活动形式和规格,在规定的预算标准以内安排。选菜不以主人的爱好为准,主要考虑主宾的喜好与禁忌,例如,伊斯兰教徒用清真席,不用酒,甚至不用任何带酒精的饮料;印度教徒不能用牛肉;佛教僧侣和一些教徒吃素;也有因身体原因不能吃某种食品的。如果筵席上有个别人有特殊需要,也可以单独为其上菜。大型宴请,则应照顾到各个方面。菜肴道数和分量都要适宜,不要简单地认为海味是名贵菜而泛用,其实不少外国人并不喜欢,特别是海参。在地方上,宜用有地方特色的食品招待,用本地产的名酒。无论哪一种宴请,事先均应开列菜单,并征求主管负责人的同意。获准后,如是筵席,即可印制菜单,菜单一桌两三份,至少一份。讲究的也可每人一份。

(五)席位安排

正式筵席一般均排席位,也可只排部分客人的席位,其他人只排桌次或自由入座。无论采用哪种坐法,都要在入席前通知到每一个出席者,使大家心中有数,现场还要有人引导。大型的筵席,最好是排席位,以免混乱。

国际上的习惯,桌次高低以离主桌位置远近而定,右高左低。桌数较多时,要摆桌次牌。同一桌上,席位高低以离主人的座位远近而定。外国习惯,男女穿插安排,以女主人为准,主宾在女主人右上方,主宾夫人在男主人右上方。我国习惯按各人本身职务排列以便于谈话,如夫人出席,通常把女方排在一起,即主宾坐男主人右上方,其夫人坐女主人右上方。两桌以上的筵席,其他各桌第一主人的位置可以与主桌主人位置同向,也可以以面对主桌的位置为主位。

礼宾次序是排席位的主要依据。在排席位之前,要把经落实出席的主客双方出席名单分别按礼宾次序开列出来。除了礼宾顺序之外,在具体安排席位时,还需要考虑其他一些因素。多边的活动需要注意客人之间的政治关系,政见分歧大,两国关系紧张者,尽量避免排到一起。此外,适当照顾各种实际情况。例如,身份大体相同,使用同一语言者,或属同一专业者,可以排在一起。译员一般安排在主宾右侧。在以长桌作主宾席时,译员也可以考虑安排在对面,便于交谈。但一些国家忌讳以背向人,译员的座位则不能做此安排。在他们那里用长桌作主宾席时,主宾席背向群众的一边和下面第一排桌子背向主宾席的座位均不安排坐人。在许多国家,译员不上席,为便于交谈,译员坐在主人和主宾背后。

以上是国际上安排席位的一些常规做法。遇特殊情况,可灵活处理。如遇主宾身份高于主人,为表示对他的尊重,可以把主宾摆在主人的位置上,而主人则坐在主宾位置上,第二主人坐在主宾的左侧。但也可按常规安排。如果本国出席人员中有身份高于主人者,譬如部长请客,总理或副总理出席,可以由身份高者坐主位,主人坐身份高者左侧,但少数国家也有将身份高者安排到其他席位上的。主宾有夫人,而主人的夫人又不能出席,通常可以请其他身份相当的妇女作第二主人。如无适当身份的妇女出席,也可以把主宾夫妇安排在主人的左右两侧。

座位排妥后,应设法在入席前通知出席者,并在现场对主要客人进行引导。通知席位的办法有以下几种:(1)较大型筵席,以在请柬上注明席次为最好;(2)中小型筵席,可在筵席厅门口放置一席位图,画明每个人的坐处,请参加者自看;(3)有的小型宴请,也可口头通知,或在入席时,由主人及招待人员引领。

席位排妥后着手写座位卡。我方举行的筵席,中文写在上面,外文写在下面。卡片用钢笔或毛笔书写,字应尽量写得大些,以便于辨认。便宴、家宴可以不放座位卡,但主人对客人的座位也要有大致安排。如系多桌次的筵席,还应在每个桌上放置桌次牌。桌次牌可在筵席开始时设置,入席完毕后撤出。

(六)现场布置

筵席厅和休息厅的布置取决于活动的性质和形式。官方正式活动场所的布置应该严肃、庄重、大方。不要用红绿灯、霓红灯装饰,可以少量点缀鲜花、刻花等。

筵席可以用圆桌也可以用长桌或方桌(桌次布置)。一桌以上的筵席,桌子之间的距离要适当,各个座位之间也要距离相等。如安排有乐队演奏,不要离得太近,乐声宜轻。筵席休息厅通常放小茶几或小圆桌,与酒会布置类同,如人数少,也可按客厅布置。

冷餐会的菜台用长方桌,通常靠四周陈设,也可根据筵席厅情况,摆在房间的中间。如坐下用餐,可摆四五人一桌的方桌或圆桌。座位要略多于全体宾客人数,以便客人自由就座。

酒会一般摆小圆桌或茶几,以便放花瓶、烟灰缸、干果、小吃等。也可在四周放些椅子,供妇女和年老体弱者就坐。

(七)餐具的准备

根据宴请人数和酒、菜的道数准备足够的餐具。餐桌上的一切用品都要十分清洁卫生。桌布、餐巾都应浆洗洁白熨平。玻璃杯、酒杯、筷子、刀叉、碗碟,在筵席之前都应洗净擦亮。如果是筵席,应该准备每道菜撤换用的菜盘。

中餐用筷子、盘、碗、匙、小碟、酱油碟等。水杯放在菜盘上方,右上方放酒杯,酒杯数目和种类应与所上酒品种相同。餐巾叠成花插在水杯中,或平放在菜盘上。我国宴请外国宾客,除筷子外,还要摆上刀叉。酱油、醋、辣油等佐料,通常一桌数份。公筷、公勺应备有筷、勺座。其中一套摆在主人面前。餐桌上应备有烟灰缸、牙签。

西餐具的摆设与中餐不同。西餐具有刀、叉、匙、盘、杯等。刀分食用刀、鱼刀、肉刀(刀口有锯齿,用于切牛排、猪排)、奶油刀、水果刀;叉分食用叉、鱼叉、龙虾叉;匙有汤匙、茶匙等;杯的种类更多,茶杯、咖啡杯均为瓷器,并配小碟,水杯、酒杯多为玻璃制品,不同的酒使用的酒杯规格也不相同。筵席上几种酒,就配有几种酒杯。公用刀叉规格一般大于食用刀叉。

西餐具的摆法是:正面放食盘(汤盘),左手放叉右手放刀。食盘上方放匙(汤匙及甜食匙),再上方放酒杯,右起烈酒杯或开胃酒杯、葡萄酒杯、香槟酒杯、啤酒杯(水杯)。餐巾插在水杯内或摆在食盘上。面包奶油盘在左上方。吃正餐,刀叉数目应与菜的道数相等,按上菜顺序由外至里排列,刀口向内。用餐时应按此顺序取用,撤盘时,一并撤去。

(八)宴请程序及现场工作

1.主人一般在门口迎接客人。官方活动,除男女主人外,还有少数其他主要官员陪同主人排列成行迎宾,通常称为迎宾员。其位置宜在客人进门存衣以后进入休息厅之前。客人握手后,由工作人员引进休息厅。如无休息厅则直接进入筵席厅,但不入座。有些国家官方隆重场合,客人(包括本国客人)到达时,有专责人员报告来宴名称。休息厅内有相应身份的人员照料客人,由招待员送饮料。主宾到达后,由主人陪同进入休息厅与其他客人见面。如其他客人尚未到齐,由迎宾员和其他官员代表主人在门口迎接。

主人陪同主宾进入筵席厅,全体客人就座,筵席即开始。如休息厅较小,或筵席规模大,也可以请主桌以外的客人先入座,贵宾席最后入座。

如有正式讲话,各国安排讲话的时间不尽一致。一般正式筵席可在热菜之后甜食之前由主人讲话,接着由客人讲。也有一入席双方即讲话的。冷餐会和酒会讲话时间则更灵活。

吃完水果,主人与主宾起立,筵席即告结束。

外国人的日常宴请在女主人为第一主人时,往往以她的行动为准。入席时女主人先坐下,并由女主人招呼客人开始就餐。餐毕,女主人起立,邀请全体女宾客与之共同退出筵席厅,然后男宾客起立,尾随其后进入休息厅或留下抽烟(吃饭过程中一般是不能抽烟的)。男女宾客在休息厅会齐,即上茶(咖啡)。

主宾告辞,主人送至门口,主宾离去后,原迎宾人员按顺序排列,与其他客人握别。

家庭便宴则较随便,没有迎宾员。客人到达,主人主动趋前握手。如主人正与其他客人周旋,未发觉客人到来,则客人应上前去握手问好。饭后如无余兴,即可陆续告辞。通常男宾客先与男主人告别,女宾客与女主人告别,然后交叉,再与家庭其他成员握别。

2.工作人员应提前到现场检查准备工作。如是筵席,事先将座位卡及菜单摆上。座位卡置于酒杯或平摆于餐具上方,勿置于餐盘内。菜单一般放在餐具右侧。

席位的通知,除请柬上注明外,现场还可:(1)在筵席厅前陈列筵席简图,图上注明每人的位置;(2)用卡片写上出席者姓名和席次,发给本人;(3)印出全场席位示意图,标出出席者姓名和席次,发予本人;(4)印出全场席位图,包括全体出席者位置,每人发给一张。这些做法各有特点,人多的筵席宜采用后者,便于通知。各种通知卡片,可利用客人在休息厅时分发。有的国家是在客人从衣帽间出来时,由服务员用托盘将其卡片递上。如果是口头通知,则由交际工作人员在休息厅通知每位客人。

如有讲话,要落实讲稿。通常双方事先交换讲话稿,举办筵席的一方先提供。代表团访问,欢迎筵席东道国先提供;答谢筵席则由代表团先提供。双方讲话由何人翻译,一般事先谈妥。

(九)出席西餐筵席的注意事项

1.应邀:对于别人的邀请,应及时给予答复。答复的方式可以是口头(电话)的,也可以是书面的。如应邀,可在表示感谢之后说,"将很高兴地接受邀请","期待着×月×日前去参加筵席","我很高兴前去",等等;如不能应邀,可说,"由于事先已另有约会,很抱歉不能参加,对失去这一机会表示十分惋惜"之类的话。如已答复应邀,以后又因有其他更重要的事,确实无法参加,则更应认真向主人致歉并很好地加以解释,使主人相信你确实是不得已而加以谅解。

2.送花:应邀参加友好的家宴,赴宴时,女客人如带一束表示友谊的鲜花,或者带点小礼品,送给女主人,则主人会感到高兴。但不带也没有关系。大型庆祝招待会,也有在当天送花的,应视双方关系及历来做法而定。

3.入座:入座的时间应听从主人的招呼。男客人应帮助其右边的女宾客挪动一下椅子,待女宾客入席下坐时,再帮助她将椅子往前稍推,使其身体离桌边半尺左右为合适。男子在女子坐下后才坐。

4.餐巾:当女主人拿起餐巾时,你也可以拿起餐巾,铺在双腿上,餐巾很大时,可以叠起来使用。不要将餐巾别在领上或背心上,也不要在手中乱揉。可以用餐巾的一角擦去嘴上或手上的油渍或脏物,但不能用它来擦刀叉或碗碟。

5.开始用餐:应等全体客人面前都上了菜,女主人示意后才开始用餐。在女主人拿起勺子或叉子以前,客人不要自行用餐。

6.姿势:进餐时,身体要坐正,不要前俯后仰,也不要把两臂横放在桌上,以免碰撞旁边的客人。进食时,身子可以略向前靠,但不要把头低向盘子,更不要低头用嘴去凑碗边吃东西,也不要把碗碟端起来吃,而应用叉子或勺子取食物放到嘴里,细嚼慢咽。

7.喝汤:汤匙是座前最大的一把匙,放在盘子右边,不要错用放在桌子中间那把较小的匙,那可能是甜食匙。盛汤一般用汤盘,可用汤匙朝外侧将汤从盘子中徐徐舀起,也可将盘子用左手稍侧向外,以便舀汤。喝汤时不要呼噜出声。

8.使用刀叉:右手用刀,左手持叉。如只用叉子,也可用右手拿叉。使用刀时,不要将刀刃向外,更不要用刀送食物入口。切肉应避免刀切在瓷盘上发出响声。吃面条,可以用叉卷起来吃,不要挑。谈话时,可不必把手中刀叉放下,但做手势时则应将刀叉放下,不要手持刀叉在空中比画。中途放下刀叉,应将刀叉呈八字形分开放在盘子上。用餐完毕,则将刀叉并拢一起,放在盘子里。

9.取面包、黄油:取面包应用手去拿,然后放在旁边小碟中或大盘的边沿上,不要用叉子去叉面包。取黄油应用奶油刀,不要用个人的刀子。黄油取出后放在旁边的小碟子里,不要直接往面包上抹。不要用刀切面包,也不要把整片面包涂上黄油,应该每次抹一小块面包,吃一块抹一块。

10.吃色拉:吃色拉时只用叉子。可用右手拿叉,叉尖朝上。如上色拉时,也同时上了面包、饼干的话,可用左手拿一小块面包或饼干,把色拉推上叉子。

11.吃鱼:西餐吃鱼,通常是在烹调制作时把鱼刺和骨头剔干净才上桌。但如遇到仍有带刺的鱼,可用刀将刺轻轻拨出。如鱼刺或骨头已经入口,不要直接吐入盘中,而要用叉接住后轻轻放在盘沿上,或尽可能不引人注意地用手取出放在盘中,不要扔在桌上或地下(吃其他菜或水果时,骨头、水果核等均应争取不要入口,如已入口则先吐在手上,再放入盘内)。西餐吃鱼常配柠檬,可用手将柠檬汁挤在鱼上。

12.喝饮料或喝水:应把口中食物先咽下,不要用水冲嘴里的食物。用玻璃杯喝水时如嘴上有油渍要先擦一下,以免弄脏杯子。

13.吃芹菜、小萝卜、青果、干点心、干果、炸土豆片、整根的老玉米、田鸡腿、龙虾片以及各式各样的面包或面包卷时,都可以用手拿来吃。但其他东西一般不要用手拿着吃。

14.当女主人要为你添菜时,可将盘子传递给她或交给招待员。如果不问你,不要主动要求添菜。

15.吃饭、喝汤不要发出响声,咀嚼应当闭嘴。咀嚼食物不要说话,即使有人同你讲话,也要等咽下食物后再回答。

16.在饭桌上不要剔牙。如果有东西塞了牙非取出不可,应用餐巾将嘴遮住,最好等别人不注意时再取出。

17.当招待员依次为客人上菜时,走到你的左边时,才轮到你取菜。如在你的右边,你就不要去取。取菜时,最好每样都取一点。如果有实在不喜欢的菜,也不要勉强,可以说:"谢谢,不要了。"不要流露出对食物的不满。

18.喝茶或咖啡:如愿加牛奶或白糖时,可自取。喝时用右手拿杯把,左手端小碟。如在餐桌上,也可不端小碟。不要把小匙放在杯中,用它搅拌完后可放在小碟上。

19.吃水果:吃苹果、梨等,不要整个咬着吃。应先削去皮、核,然后切成小瓣,用手拿着吃。削皮时,刀口朝内,从外往里削。吃香蕉,剥皮后用刀切成小块,用叉取食。橙子可用刀切成四瓣后剥皮吃。西瓜、菠萝等可去皮切块,用叉取食。

20.喝酒:为表示友好,活跃气氛,可相互敬酒、祝酒;可以碰杯,也可举杯示意。用餐时,也可根据自己的需要,喝一些佐餐酒,但不应酗酒。严禁酒后开车。

21.不勉强人喝酒,不勉强人吃菜。

22.纪念物品:有的主人为每位出席者备有一朵鲜花或一件小纪念品,请客人带走。也有的客人愿将菜单留作纪念,有的还请主人在菜单上签名。但除此以外的招待用品,如香烟、糖果等均不应带走。

23.争先恐后:不要一次取食过多,盘子放得太满,既不雅观,食用也不方便,可分次取食。别人尚未取到第一份时,你不要去取第二次。取完后不要围在餐台边进食。不要将汤水、渣沫溅到旁人身上或洒在地上,以致弄脏地毯。

24.离席:客人应等女主人从座位上站起后,一起随着离席。在此之前不应提前离席。离席时,男宾客应帮助女宾客把椅子放归原处。餐巾可置放桌上不必按原样折好。筵席结束后,可视情况与主人和其他来宾再聚谈一会儿,然后相机告辞。

25.告辞:告辞不宜过早或过迟。如果你是主宾,就应先于其他客人向主人告辞。一般来说,主宾应在用完点心之后,移到客厅,再过20分钟到40分钟后告辞。一般客人则不要先于主宾告辞,否则对主人和主宾均不礼貌。如有急事,则应向他们说清楚,求得谅解。

26.感谢:在出席私人宴请活动后,有时致函或送名片表示感谢;也可打电话感谢。如过不了多久又要再次见面,也可面谢。

以上所述,看起来属于细节,但都很重要,不可忽视。对于筵席上的礼节,如果另外又遇到一些有所不知的,则可视主人的所为,参照着做,或者向邻座客人问清楚,都是可以的。

二、服务员的工作

服务员的工作直接关系到宴请活动的顺利进行。因此，国际上对服务人员的礼节、服务水平，以至服饰要求都很高，隆重的官方活动，要求尤为严格。服务人员都受过正规训练。

宴请中，服务员的工作大体应注意以下几个方面：

（一）服饰整洁、熨平，头发梳理平整、指甲修剪清洁。

（二）讲礼貌，待人和气谦逊，面带笑容。说话声音要轻，语言亲切，用词得当，多带"请""您""谢谢""对不起""请原谅"等语言。熟悉宴请礼节。客人入座，协助挪动椅子。熟悉菜单，掌握上菜速度。正餐上菜，先客人，后主人，先女宾，后男宾，先主要客人，后其他客人。如一人上菜，也可以从主人右侧的客人开始，按顺序上菜。隆重的筵席，也有要求严格按礼宾顺序上菜的。上菜时，左手托盘，右手夹菜，从客人左边上。倒酒水则应右手持瓶，从客人右侧倒。每道菜上完第一轮后，待一些客人吃完，再上第二轮，先问问客人"是否给您添一点？"不要勉强。如不上第二轮，可将余下的菜稍作整理放置桌上，供客人自取，待上下道菜后再撤下，往桌中上菜与撤盘，宜选在两位主方陪客之间进行，并先打招呼，以免不慎碰洒菜汁。

（三）客人吃完，应从右侧撤换餐具。但撤前一定要注意客人是否已吃完（西餐可看刀叉是否已合拢并列，如八字或交叉摆开，则表示尚未吃完，不能撤）。如无把握，可轻声询问。切忌当客人正吃时撤换，这是很不礼貌的。撤换餐具，动作要轻，还需用的餐具如正好放在盘上，可轻轻拿开，再把盘子取走。

（四）工作时不吃东西，不抽烟，不饮酒，工作前不吃葱蒜。在一旁侍立时，姿势要端正，不要歪身倚在墙上或服务台上，更不要互相聊天、谈笑。多人侍立，应排列成行。正式宴请，主人或客人发表讲话，应立即肃静、停止上菜、斟酒，在附近备餐间亦应安静，不要发出声音。演奏国歌时就肃立，停止走动。

（五）筵席厅内走动，脚步要轻快，动作要敏捷，轻拿轻放。

（六）遇招待人员或客人不慎打翻酒水，应马上处理，撤去杯子，用干净餐巾临时垫上。如溅在客人身上，要协助递送毛巾或餐巾，帮助擦干（如对方是妇女，男招待员不要动手帮助擦拭），表示歉意。

三、关于"中餐西吃"

中餐与西餐各有特色。中国的美味佳肴获得了全世界越来越多人的喜爱，而一些外国的饮食文化，例如法式面包、法国酒、法国名菜以至美国的"肯德基""麦当劳"，也越来越为国人所接受。可见各国的饮食文化正大规模地在世界范围内交流。

在这其中,我国的一些驻外使馆和驻外机构多年来在举行筵席时创立了一种"中餐西吃"的招待外国客人的办法。简言之,即以中餐的美味佳肴招待客人,但采用西方人习惯的用膳方法。世界各地的华侨餐馆也有许多采取这种办法,这对于宣传推广中餐起到了有益的作用,也使外宾为之称赞。

"中餐西吃"的特点首先是既备有筷子,也备有刀叉等西餐具。进餐时使用筷子,灵活方便,不但为中国人所喜爱和习惯,外国人也很感兴趣。他们看着中国人灵活的手指,使用两根筷子就能轻松自如地夹起餐桌上的食物,不胜称羡。有些人很愿意学习使用筷子,但这毕竟不是一两顿饭就能学会掌握的。为了让外宾吃饱吃好,不影响筵席的进度,有必要为参加者备有刀叉等西餐具。

其次,应当学习参考西餐的"分食制"。既卫生又井然有序,不致于酒菜一桌、杯盘狼藉。法国方式是由客人从大菜盘自取或由招待员分发;美国方式是把盛好菜的盘子送到客人面前。也可两种方式结合使用。

最后,上酒菜的顺序可参考西餐习惯,以照顾外宾的生活习惯。

西方人不懂炒菜。"炒"成为中餐的特点之一,可以炒出许多美味佳肴。但炒菜用油较多,因此专家建议多用蒸、煮、卤、烤、炖、凉拌等方式。如要炒,则采用橄榄油或棉籽油,尽量减少油脂和胆固醇的吸食量。西方人吃主食少,因此菜不宜过咸,尽量减少盐的摄入量。

其实,中国人自古主张饮食均衡。《黄帝内经·素问》中早就提出"五谷为养,五果为助,五畜为益,五菜为充"。而且中餐蔬菜较多,从整席来说是荤素均衡的。但不像西餐,在一道主菜周围配以各种蔬菜。因此中餐有时被人误解为食物结构不够均衡。这点可以在配菜时加以注意。

总之,发挥中餐的特色与长处,汲取西方饮食习惯的优点,中西结合,中餐西吃仍不失为一条可以探索的途径。

四、筵席服务过程

(一)餐前服务

餐前服务主要是环境布置、摆台、迎宾和领位。是餐饮文化的具体体现之一。
具体做法如下:
1.清洁卫生
做好餐厅墙壁、服务台、地面的清洁。
2.取餐具
用餐车从洗碟机房将餐具运出,存入指定的餐具柜。

3.备小毛巾

把干净消毒的小毛巾浸湿再折成长方形,叠整齐放入毛巾保温箱内。

4.摆桌

按中式正餐的零点摆桌规范于开餐前30分钟摆好桌。

5.准备工作桌用具

(1)从备餐间领出洁净托盘摆放于四周工作桌上。

(2)开餐前15分钟从备餐间将佐料、茶叶、茶壶领出,放在餐厅工作桌上。

(3)开餐前5分钟将装满水的暖瓶送到餐厅,摆放于工作柜上。

6.开灯光、空调

开餐前5分钟开餐厅的照明及空调系统。如营业时间有变动,须通知空调中心改变开启空调的时间。

7.检查

餐前准备工作完成后检查一次,如有错漏处马上纠正弥补。

8.开餐前训导会

由餐厅经理主持召开餐前训导会。

9.站岗

开餐前5分钟全体人员出岗站位,面向门口准备迎接客人。

(二)餐中服务

餐中服务也称席间服务。

1.宾客进入筵席厅后,热情为宾客拉椅让座,为主宾拿出骨碟中的口布,打开铺好,然后撤筷子套。

2.了解客人是否需要讲话,人数及大致时间。

3.掌握上菜时间后衔接或征得主人同意即刻通知上菜。

4.斟酒水。

5.席间如有宾客致辞时,应立即关掉音响,并通知厨房暂缓/减速出菜,然后站立一边,停止工作(如后来的客人到,应保证客人有干杯用的酒,或应客人要求送上饮料,灵活掌握)。

6.如大型筵席,主客或主人发表祝词时,主台服务员在托盘内准备好酒水,待客人讲话完毕时应示意递给讲话人。

7.主人轮流各台敬酒时,服务员应随其身后及时给主人斟添酒水。

8.在客人敬酒前要注意杯中是否有酒,当客人起立干杯或敬酒时,应迅速拿起酒瓶或协助客人拉椅。

9.筵席开始前10~15分钟,冷菜上桌,注意荤素间隔、色彩间隔摆放,有冷盆,将花型正对客人和主宾。

10. 要求每道菜都必须有公筷,若采取席上分菜,则在上菜前将鲜花撤走,摆好公菜叉、勺及所需餐具。

11. 如客人提出无须分菜,也可以按客人的要求不用分菜。

12. 每一道菜出菜时,都必须列队进入餐厅,主台服务员走在前列,上菜时要求动作统一,不能只顾自己操作,忘忽整体性。

13. 多台筵席的分菜,要求各台的分菜速度一致,特别强调的是其他台的分菜,上菜不能快于主台。

14. 掌握上菜时间,快慢适当,大型筵席视主台的用餐速度进行控制。

15. 高规格的筵席,在上甜品前先撤完所有餐具,然后整理好口布,重新上要用的甜品餐具(转台清洁见服务操作)。

16. 一般形式的筵席,撤走空的餐具,然后整理好口布,重摆上一套吃甜品的餐具,切忌撤走酒杯(转台清洁同上)。

17. 其他服务细节参照厅房服务。

18. 清点撤下来的高档餐具是否齐全。

(三)餐后服务

1. 客人用餐完毕,送上香巾,并征求客人意见,对宾客提出的意见要虚心接受,记录清楚,并致谢,如:"非常感谢您的宝贵意见";为客人拉开座椅让路,递送衣帽、提包,在客人穿衣时主动配合协助;送客道别(按送客服务规范进行)。

2. 收台工作:客人离开后,要及时翻台;收台时,按收台顺序依次先收玻璃器皿、银器、口布、毛巾、烟灰缸,然后依次收去桌上的餐具;整理清洁筵席厅,使其恢复原样。

第八章

主题筵席及菜单实例

第一节 婚宴菜单实例

婚宴有着非常明显的地区和民族差异。地区民族不同,喜好风俗禁忌也有差别:四川地区传统的婚宴中应出现"红烧肉"和"甜菜"如"甜烧白"等菜品;东北地区的婚宴一般都要上"四喜丸子"象征喜庆;信奉清真的人是不吃猪肉的,清真婚宴的"八大碗""十大碗"中通常以牛羊肉为主,讲究一点的配上土鸡、土鸭、鱼等菜肴,有着丰富的民族特色;而在香港地区婚宴菜品千万不能出现豆腐、荷叶饭一类的菜肴饭点,另外婚宴中的水果也扮演着重要的角色,不可轻视。传统宴席上一般选用石榴(因其籽较多,有多子之意)、西瓜、杨梅、蜜桃(取意今后生活甜蜜美满);忌讳上梨和橘子,因为梨有与分离的"离"同音,橘子又要一瓣一瓣地分开来吃,有"分居"之意。

一、婚宴的意义

婚宴是人们在举行婚礼时,为宴请前来祝贺的宾朋好友和庆祝婚姻美满幸福而举办的喜庆筵席。婚宴主办者对饭店提出的要求很高,举办婚宴多在节假日。在中国婚宴通常称作喜酒。

我国婚宴的特点主要是根据我国红色表示吉祥的传统,在餐厅布置、台面的装饰上,多体现红色;婚宴中的菜肴有很多也以红色为主调,一般有酱红、棕红、橘红、胭脂红等,给宾客带来喜庆的感觉。结婚筵席的菜肴名称要讲究讨口彩,如"红运四喜""满地金钱""百年好合""龙凤呈祥""年年有余"等。

婚宴菜肴数目应为双数,通常以八个菜象征发财,以十个菜象征十全十美,以十二个菜象征月月幸福,比如在江南地区流行的"八八大发席",全席由八道冷菜、八道热菜组成。而且举办婚礼的日子也通常多选于农历双月的初八、十八、二十八,暗扣"要得发,不离八、八上加八、发了又发"的吉祥寓意,传统婚宴菜品中原料一般都有鸡、鱼,象征着吉祥喜庆,年年有余。一般都作为压轴菜上席,宴席中甜品的主要原料有大枣、花生、桂圆、莲子等,主要是取其谐音,祝福新人早生贵子。

二、婚宴菜单实例

江浙地区结喜宴菜单

席一：

冷　菜
双喜临门（带八围碟）

三黄鸡	美味海蜇	三色蛋糕	凉拌笋干
酱鸭舌	舟山鳗干	卤水牛腩	酒醉肚尖

热　菜

彩色虾球	脆炸双味	酸菜墨鱼	蚝油牛肉

大　菜

龙虾二吃	葱姜炒蟹	神仙老鸭	生炒甲鱼
蜜汁元蹄	清蒸黄鱼	百年好合	清汤鱼圆

点心、水果

猪油糯米八宝饭	清蒸蛋糕	水果拼盘

席二：

冷　菜
喜鹊登梅（带八围碟）

如意蛋卷	鸭包蛋黄	红油肚片	蜜汁红枣
杭州卤鸭	天目笋干	宁波摇蚶	酸辣泡菜

热　炒

雀巢海鲜	尖椒牛柳	白灼海螺	脆炸银鱼

大　菜

百鸟朝凤	清蒸甲鱼	葱油鲈鱼	笋干老鸭
蜜汁大方	上汤鱼圆	干菜焖肉	什锦饭汤

点心、水果

小笼汤包	南瓜煎饼	什锦炒饭	水果拼盘

席三：

冷　菜
龙凤呈祥（带八围碟）

蜜汁酥鱼	盐水大虾	香菜干丝	宁波醉蟹
白切羊肉	果味黄瓜	新凤鳗干	糟　　鸡

热　炒

宁氏鳝丝	腐皮黄鱼	泡菜牛尾	酸菜墨鱼丝

大　菜

白灼基围虾	椒香富贵虾	蟹炒年糕	炸双脆
清蒸大闸蟹	菜胆扒东坡肉	荷香河鳗	蟹黄鱼肚羹

点心、水果

春卷	糯米八宝饭	时果一品

上海燕翅喜宴菜单

冷　菜
孔雀开屏（带八围碟）

秘制酥鱼	糖醋仔排	白切鸡	泡椒脆肚
芥兰荚豆	蔬菜沙拉	板麻杏鲍菇	香油凉瓜

热　菜

樱橘虾仁	滑炒双冬	小煎鸡米	三丝鱼卷
菊花炖拼吐司	酿鸭掌		

大　菜

干烧扒翅	珍珠燕窝汤	挂炉烤鸭	满星素烩
云腿竹笋汤	蜜汁莲心		

点心、水果

水仙酥	花生奶酪	水果拼盘

筵席知识与设计制作

鄂式喜宴菜单

冷　菜
彩蝶恋花（带四冷盘）

| 如意蛋卷 | 红爆油虾 | 五香彩肚 | 桂花炙骨 |

热　炒

| 番茄鱼球 | 凤尾腰花 | 脆爆肚尖 | 菊花里脊 |

大　菜（点心）

海参鱼圆	贵妃全鸡	金针银线	四喜烧梅
金丝酥徽	双色蛋饺	琵琶鸭子	奶油红枣
梅花包子	冰糖喜饼	湘绣鳜鱼	鸳鸯炖盒

水　果

| 蜜橘 | 苹果 | 花生 | 瓜子 |

"龙凤呈祥"喜宴菜单

冷　菜
龙凤呈祥（带八小碟）

| 水晶肴肉 | 盐水白鸡 | 红油腰花 | 蒜泥凤爪 |
| 白卤牛肉 | 油焖冬笋 | 挂霜杏仁 | 如意蛋卷 |

热　炒

| 鸡片鱼卷 | 蒜扒虾腰 | 油爆双脆 | 金银吐司 |

大　菜

| 吉祥鱼翅 | 八宝金鸡（带饼） | 掌上明珠（带点） | 海参鸡腿 |
| 雪花蟹斗 | 鸳鸯鳜鱼 | 鸡油四宝 | 喜气炖盒 |

点　心

| 鸡蓉春卷 | 五叶烧麦 | 富贵酥盒 | 水果蛋糕 |

甜　菜

橘瓣八宝银耳

第八章 主题筵席及菜单实例

下饭菜（四小碟）

| 虾米莴笋 | 腊肉菜薹 | 芹梗炒蛋 | 榨菜肉丝 |

水 果 拼 盘

"凤凰迎春"喜宴菜单

冷 菜
凤凰迎春（带四围碟）

| 红皮鸭子 | 紫酥香肉 | 五仁花肚 | 酱卤口条 |

热 炒

| 油爆鲜贝 | 生爆脊丝 | 凤尾对虾 | 软炸香椿 |

大 菜

| 凤凰鱼翅 | 清果圆子 | 红扒全鸭 | 松鼠鳜鱼 |
| 氽鱼圆汤 | | | |

点心、甜菜

| 豆沙包 | 清炖水果银耳 | 水果一品 |

春季喜宴菜单

冷 菜
鸾凤和鸣（带六围碟）

| 红油肚丝 | 蒜泥白肉 | 如意油虾 | 五香口条 |
| 香芹 | 烟熏鱼块 | | |

热 炒

| 春笋鸡丝 | 鱼香腰花 | 称心虾饼 | 干煸牛肉丝 |

大 菜

| 鸽粥干贝 | 油淋凤翅 | 虾米蹄筋 | 拔丝香蕉 |
| 珍珠米圆 | 口蘑菜心 | 鸳鸯大鳜鱼 | 鸡虾双珠汤 |

点 心

| 喜沙大包 | 锅贴鲜饺 | 水果拼盘 |

夏季喜宴菜单

冷　菜
鸳鸯戏水（带六围碟）

| 红皮烤鸭 | 红油大虾 | 烟熏鱼条 | 麻辣鸭舌 |
| 姜汁豆角 | 冬笋腐竹 | | |

热　炒

| 翡翠鲜贝 | 鱼香腰花 | 相思鱼卷 | 恩爱吐司 |

大　菜

| 孔雀鲍鱼 | 比翼双飞 | 菠菜肝膏汤 | 雪里藏蛟 |
| 西米闹莲 | 干烧鲍鱼 | 口蘑菜心 | 八宝蛇羹 |

点　心

| 芝麻凉卷 | 蝴蝶虾糕 | 水果拼盘 | |

秋季喜宴菜单

冷　菜
蝴蝶戏花（带六围碟）

| 蜜汁叉烧 | 烟熏扎蹄 | 五香口条 | 蒜泥芸豆 |
| 蜜汁菠萝 | 珍珠龙眼 | | |

热　炒

| 爆炒鱿鱼 | 四喜虾饼 | 焦熘里脊 | 茄汁兔片 |

大　菜

| 百花燕菜 | 烤乳猪 | 美人白菜 | 炒芙蓉蟹 |
| 早生贵子 | 怀胎鳜鱼 | 奶汤鸡脯 | 烧菊花牛鞭 |

点　心

| 百合酥 | 生煎三鲜包 | | |

水　果　拼　盘

第八章 主题筵席及菜单实例

冬季喜宴菜单

冷 菜

比翼双飞（带六围碟）

| 盐水鱿鱼 | 五香卤鸭 | 烟熏香肚 | 金钩香芹 |
| 芥末蹄筋 | 蜜汁龙眼 | | |

热 炒

| 称意鱼饼 | 鸳鸯虾仁 | 恩爱吐司 | 蒜爆墨鱼 |

大 菜

| 琵琶鱼翅 | 香酥八宝鸡 | 清汤花酿冬菇 | 红扒全蹄 |
| 金丝蜜枣羹 | 如意四宝 | 鸳鸯大鳜鱼 | 虫草蒸鸭 |

点 心

| 橘颂甜饼 | 四喜汤包 |

水 果 拼 盘

淮海地区喜宴菜单

冷 菜

白斩鸡	特色卤水拼盘	盐水虾	五香鱼
酱牛肉	姜汁藕	拌菠菜	卤香菇
甜楂糕			

热 菜

白灼基围虾	年糕焗蟹	全家福	红烧状元蹄
豉汁蒸鳜鱼	川味毛血旺	霸王别姬	笋干老鸭煲
辣炒牛肚	宫保鸡丁	青笋炒口蘑	西芹炒百合

汤 二 道

| 蛋花玉米羹 | 芙蓉鸡片汤 |

水 果 点 心

| 美点双辉 | 水果拼盘 |

闽粤地区喜宴菜单

席一：

凉　菜

风味八冷碟　　　鸿运烧卤拼盘

热　菜

双味白丁虾	比翼双飞鸽	滑菇炖土鸡	黄金葱油包
银丝蒸扇贝	新港双热拼	海鳗炖猪脚	一品海皇羹
黑米炊红鲟	烧汁桂花鱼	什锦炒杂菜	

水果、点心

美点双辉　　　海鲜炒饭　　　精美水果盘

席二：

凉　菜

特色八围碟

热　菜

上汤芝士焗龙虾	海参全家福	四宝海皇羹	广东风味吊烧鸡
避风塘炒蟹	油泼百花鲈鱼	双菇扒福肘	松子海鲜玉米粒
碧绿蜇头炒牛柳	蟹黄虾仁豆腐	瑶柱汁扒时蔬	清蒸加吉鱼

水果、点心

美点双辉　　　炒饭　　　精美水果盘

席三：

凉　菜

精美八色围碟

热　菜

油泼原壳鲍鱼	刺参烧花枝脯	淮杞甲鱼炖乌鸡	上汤灼青岛对虾
脆皮鲜奶拼蒜香骨	广东风味烧鸭	油泼桂花鱼	雀巢螺片牛柳
金沙蛋黄蟹	富贵红烧元蹄	双菇鲍汁扒时蔬	清蒸加吉鱼

第八章 主题筵席及菜单实例

水果、点心

美点双辉　　　叉烧鸡粒炒饭　　　精美水果拼盘

席四：

凉　菜

百年好合精美八围碟

热　菜

富贵大龙虾	五彩迎嘉宾	台湾香蜜鸭	黄金双色包
鲜参炖良鸡	爽口双热拼	雀巢爆龙皇	红菇蛏干炖肉排
黑米炒红鲟	鲍参翅肚羹	清蒸桂花鱼	菜胆扒三菇

水果、点心

美点双辉　　　炒饭　　　精美水果拼盘

席五：

凉　菜

百年好合精美八围碟

热　菜

红烧大鲍鱼	清蒸大龙虾	五福大拼盘	八宝红鲟饭
一品满坛香	银丝蒸带子	吉祥龙凤汤	水晶黄螺片
特色双热拼	极品鱼翅羹	清蒸青斑鱼	西芹炒腰果

水果、点心

美点双辉　　　炒饭　　　精美水果拼盘

第二节　生日宴菜单实例

一、生日宴的意义

生日筵席是人们为纪念出生日而举办的筵席。过生日一般以老年人居多,老年人喜人多、热闹。现在为小孩过生日而举办筵席的也日益增加。

生日筵席的特点是:菜点形式上突出祝寿之意。如将冷盘制成松柏常青或松鹤延年图案,点心按我国传统的习惯,配寿桃、寿面。为老年人庆贺生日的筵席菜以松软为主,在菜肴制作上尽量采用烩、扒、炖、焖的烹调方法,如果是小孩生日筵席还应配制一些专门的小孩菜肴;现在人们庆祝生日常常在生日筵席上再配上生日奶油蛋糕,庆祝生日的程序也转变成中西结合的形式,如点蜡烛、吹蜡烛、唱生日歌、切蛋糕等。

二、生日宴菜单实例

百岁寿宴菜单

冷　菜

福如东海　　　　寿比南山（用八料拼成山水,蛋松镶字）

热　菜

八仙过海　　三星猴头　　佛手鱼卷　　四喜酥鸭　　五福葵圆
鱼跃龙门　　百味全鸡　　银杏雪耳　　如意鹌鹑　　龟寿鹤龄

点　心

五子寿桃　　七彩寿面

第八章 主题筵席及菜单实例

鄂式传统寿宴菜单

冷 盘
双龙抱柱彩拼

玉如意	佛珠串	肴肉	口条	蜇皮	卤肝
黄金瓜	鹿头杖	肉松	白鸡	炙骨	熏鱼
糟鹅	琼脂	松花	油虾		

热 菜

茄汁虾仁	鱼蓉藕夹	芙蓉鸡片	五彩鸽丁
生爆肚尖	抓炒里脊	素滑三丝	焦熘田鸡

大 菜

凤尾鱼翅	绣球干贝	挂炉填鸭	冰糖燕菜
海参鸡腿	什锦火锅		

点心、水果

慈姑饼	枇杷糕	虾仁酥	玉兔饺	青红椒
酱干丝	炒菠菜	木樨肉	海南蕉	沙田柚

寿桃寿面造型花篮一座

广式寿宴菜单

席一：

松鹤延年	熏鱼酱鸡	卤肝火腿	口条瓜虾
香肠腰片	长生鱼丁	麻菇上素	五彩鱼线
碧绿珊瑚	东海遐龄	金银鸽蛋	三星片鸡
玉液全鸭	翡翠圆蹄	五柳鳜鱼	仙翁甜露
寿桃一座	长寿伊面		

席二：

青松红梅	鸡蓉广肚	葱油焗鸡	罗汉大虾
蚝扒鱼脯	鼎湖上素	焗文庆礼	福如东海
仙翁甜露	长寿伊面	寿桃一座	

松鹤延年寿宴菜单

冷　菜

松鹤延年（带八围碟）

凤凰鸡丝	菊花彩蛋	白油嫩鸡	桂花炙骨
红皮卤鸭	爆鱼腮腰	油焖春笋	五香牛肉

热　炒

蒜爆肚尖	芙蓉鸡片	佛手鱼卷	桂花虾饼

大　菜

三鲜猴蘑	八宝海参	香酥填鸭（带夹）	拔丝香蕉
清蒸鳊鱼	笔架鱼肚	寿星白菜	谷青松汤

点　心

寿面　　　蜜糖寿桃　枣泥甜枣　冰糖湘莲

福如东海寿宴菜单

冷　盘

福如东海（带六围碟）

盐水白鸡	佛手蜇皮	蜜汁油虾	金口香肠
可可桃仁	红皮卤鸭		

热　炒

芙蓉鸡片	葱爆肚尖	干炸虾球	软煎鱼饼

大　菜

八仙海参	网油鸡腿	桃仁花菇	鸡油四宝
佛手鳜鱼	寿星白菜	八宝炖鸭	

点心、甜菜

白桃酥盒	菠萝银耳	三星寿面	水果

第八章 主题筵席及菜单实例

九九长寿寿宴菜单

冷　菜

九九长寿（带八围碟）

酒醉肚头	无锡脆鳝	天目笋干	糟青鱼干
蜜汁腰果	陈皮兔丝	卤水香干	素火腿

热　菜

蚝油鲍鱼	鼎湖上素	生爆鳝背	龟蛇争寿
葱油带子	一品全家福	罗汉大斋	烧什锦
三色鱼圆			

点心（水果）

什锦寿面	重阳长寿糕	寿字苹果一盘

鹿鹤同春寿宴菜单

冷　菜

鹿鹤同春（带八围碟）

素炸藕蟹	鸡丝银针	琥珀桃仁	盐焗露笋
如意丝瓜	玛瑙湖莲	广米芹菜	红皮鸭子

热　炒

蒜爆肚尖	番茄鱼卷	软煎虾饼	青松吐司

大　菜

鼎湖上素	核桃酥鸡	寿星白菜（带点）
蟹黄银鱼羹	麒麟鳜鱼	全家桶

点　心

寿桃大包	三鲜大包	羊角奶酥	蟠桃蜜饼

甜菜水果

冰糖燕菜	水果一品	蜜桃

筵席知识与设计制作

长寿满堂寿宴菜单

冷　盘

长寿满堂大菜花拼盘

大　菜

三鲜圆子	翡翠鱼圆	滑熘里脊	如意蛋卷
茄汁鱼片	芝麻鱼排	清蒸鳊鱼	金鱼白菜
清炖全鸡			

点　心

福寿花灯（灯笼、南极、佛手、花顶）各色

流行寿宴菜单

席一：

凉　菜

金陵盐水鸭　　　精美八味碟

热　菜

白灼基围虾	黑椒炒牛柳	脆皮一口香	鱼肚全家福
椰汁西米露	溢香野味煲	野菌老鸭煲	冰糖扒元蹄
剁椒白玉糕	美极扒江鲴	蒜蓉炒时蔬	

水果点心

| 上素菜包 | 鲜肉蒸饺 | 三鲜长寿面 | 时令水果拼盘 |

席二：

凉　菜

风味八冷碟

热　菜

全家福	清蒸鲟鱼	白灼基围虾	贵妃蹄髈
水煮鳝背	铁板牛蛙	蛋黄炒花蟹	豆豉蒸扇贝王
金牌蒜香鸡	茶树菇炒牛柳	糯米蒸仔排	白灼芥兰

汤羹各一道

西湖牛肉羹　　神仙老鸭汤

点　心

长寿面　　　寿桃　　　　鲜奶蛋糕

第三节　商务宴菜单实例

一、商务宴的意义

商务筵席是指个人或企事业单位为举行各种商务谈判或生意往来而举办的筵席，在筵席经营中占有的比例较高。商务筵席的消费水准以中等偏上为多。商务筵席有以下要求：在预订时要了解双方的特点和爱好，并在设计时，布置一些双方共同爱好的东西；表现双方的友谊，使协商、洽谈在良好的环境中进行；在筵席进行过程中，宾主双方往往边谈边吃，服务人员要及时与厨房联系，控制好上菜节奏。

二、商务宴菜单实例

高档商务宴菜单

席一：

冷　菜
霸皇卤水拼（附八围碟）

热　菜

鲜灼海中虾	鲜人参炖双鸽	玫瑰豉油鸡	南瓜扣鳘肚
翡翠花枝片	金银烩双卷	蚝皇灵菇蹄筋	清蒸桂花鱼
豆酱炒时蔬	潮式美点		

水果、点心

| 年年鸿运 | 水果拼盘 |

席二：

冷　菜
鸿运乳猪全体（附八围碟）

热　菜
麦香焗海虾	鲍参翅肚羹	福禄鸳鸯鸡	碧绿炒双脆
招牌生抽骨	海鲜卷拼香酥鸭	蚝皇灵菇扣蹄筋	清蒸深海斑
上汤浸时蔬			

水果、点心
粗粮麦包	好运连绵	水果拼盘

席三：

冷　菜
鸿运喜当头（附八围碟）

热　菜
芝士焗龙虾	御品贵妃鸡	老黄瓜炖猪蹄	金巢鲍贝丁
官府同心拼	鹅肝酱爆鲜菇	桂花炒瑶柱	清蒸深海斑
蚝皇扒时蔬			

水果、点心
幸福满满	双喜临门	水果拼盘

席四：

冷　菜
鸿运当头来（附八围碟）

热　菜
高汤焗龙虾	虫草花炖水鸭	一品香妃鸡	京葱爆海参
粿肉黄金卷	兰笋炒牛柳	鲍汁一品煲	清蒸海皇斑
金菇竹荪扒时蔬			

水果、点心
鸿运连年	大展鸿图	水果拼盘

浙江风味商务宴

冷 菜

开洋芹菜	五香烤麸	薄片云腿	掐菜鸡丝
顺风猪耳	糖水香芋	盐焗鸡	杭州酱鸭

热 菜

原盅裙边	杭州煨鸡	武林烤鳝	炒合菜
雪菜鱿鱼丝	三鲜石榴包	金钩蒸双冬	瑶柱冬蓉羹
麻菇刀豆	西湖醋鱼王		

点心、甜菜

酒酿小圆子	家常饼	吴山酥油饼

北京风味商务宴

冷 菜

盐水白鸡	红皮鸭子	酱卤口条	京式红肠
油爆大虾	油焖冬笋	天津松花	包菜

热 菜

红椒鸡丝	生爆肚腰	抓炒鱼片	火腿吐司
什锦海参	锅烧全鸭	脆皮全鱼	冰糖银耳

点心、汤

豆沙桃包	一品座汤

湖北风味商务宴

冷 菜

青松迎宾（带六围碟）

琥珀桃仁	冰糖蜇皮	凉拌鸡丝	松花彩蛋
油焖冬笋	酥炸红袍		

热 炒

油爆肚尖	软熘鱼条	清炒虾仁	爆炒鸭杂

第八章 主题筵席及菜单实例

大　菜

| 三丝鱼翅 | 葱油香鸭 | 原笼米圆 | 板栗鸡块 |
| 应山滑肉 | 粉蒸碗鱼 | 散烩八宝 | 峡口明珠 |

点　心

四喜烧麦　　麻蓉大包

第四节 中国地方风味筵席

地方风味筵席是指根据各地方的饮食风味、当地特产、民族习惯、民俗风情等内容而形成的一类筵席。具有地方性强,不同地方风味筵席当中的菜品、风味差异较大等特点,能够充分体现当地的饮食特色、风土人情,是宴请外地宾客,让宾客了解当地风味不可缺少的一类筵席。

地方风味筵席菜单实例。

江苏风味筵席
席一:苏州风味筵席

四冷碟

| 白油肥鸡 | 油爆大虾 | 姑苏熏鱼 | 芝麻菠萝 |

四热炒

| 茄汁虾仁 | 芙蓉鸡片 | 翡翠冬笋 | 仙桃吐司 |

五大菜

| 鸡蓉鱼翅 | 烤金钱鸡(带金丝卷) | 兰花鸽蛋 | 火夹鳜鱼 | 南乳方肉 |

饭汤、饭菜

| 母油肥鸭 | 糟蛋 | 肉松 | 干丝 |

席二：扬州风味筵席

四冷碟

水晶肴蹄　　　　葱烤酥鱼　　　　佛手蜇卷　　　　金钩香芹

四热炒

烹明虾段　　　　蒜爆鳝背　　　　芙蓉鸡片　　　　翡翠冬笋

五大菜

三鲜海参　　八珍全鸡（带猪脑卷）　　松鼠鳜鱼　　烧马鞍桥　　清炖蟹粉狮子头

四饭菜

砂锅豆腐　　　　宝塔菜　　　　　萝卜头　　　　　五香菜

主食、汤

扬州炒饭　　　　榨菜肉丝汤

四川风味筵席
席一：成都风味筵席

六冷碟

陈皮牛肉　　　　椒麻肚丝　　　　银芽鸡丝　　　　姜汁豆角
香油凤肝　　　　蒜泥白肉

四热炒

金银鸡塔　　　　鱼香肉丝　　　　宫保鸡丁　　　　虾仁锅巴

大　菜

孔雀鱼翅　　　　天麻童鸡　　　　虫草鸭子　　　　干烧岩鲤
白汁鱼肚　　　　鸡蓉豆花　　　　开水白菜　　　　满星素烩

点心、饭菜

绿豆糕　　　　　凉糍粑
榨菜肉丝　　　　碎米鸡丁　　　　跳水仔姜　　　　酱烧苦瓜

席二：重庆风味筵席

冷　菜

| 椒麻桃仁 | 蒜泥黄瓜 | 红油兔丁 | 五香牛肚 |
| 宣威火腿 | 金毛牛肉 | 盐水鸭肝 | 红油鲜虾 |

热　菜

| 一品驼掌 | 樟茶仔鸽 | 白雪全鸡 | 椒盐鱼条 |
| 走油蹄髈 | 清蒸白鳝 | 海味牛掌 | 干贝菜心 |

点心（饭菜）

| 鸡汁蛋面 | 白皂橙羹 |
| 姜汁鹦鹉 | 冬菜肉末 | 五香豆豉 | 凉拌青笋 |

广东风味筵席

席一：

冷　菜

美味八凉菜

热　菜

黄油焗龙虾	白灼基围虾	松子炒得利	百年好合
打边锅	脆皮鸭	上汤菠菜	香炸芋黄球
合冬滋补盅	海鲜鱼青丸		

点心水果

| 广州炒饭 | 长寿伊府面 | 四时水果拼盘 |

席二：

冷　菜

| 卤肚拼扎蹄 | 叉烧拼牛腩 | 蜇皮拼松花 | 火肉拼露笋 |

热　菜

片皮乳猪	香滑鲈鱼球	五彩烩蛇丝	脆炸鲜奶
杏圆炖水鱼	生炊石斑鱼	鼎湖上素	东江炸春卷
干煎明虾碌	蚝油芥菜		

点　心

沙河粉	蟹黄灌汤饺	大良双皮奶

山东风味筵席

席一：

冷　菜

糟口条	辣白菜	羊肉串	烤羊肉

四热菜

糖醋鲤鱼	芝麻虾排	油爆双脆	椒油白菜

大　菜

扒原壳鲍鱼	焙大虾	清氽蛎子	奶汤鱼翅
清蒸加吉鱼	山东蒸丸	九转大肠	三美豆腐
烧煨面筋条	糟煎茭白		

点　心

福山拉面	煎饼	水果

席二：

冷　菜

炝虾饼鱼松	银鱼拼海蜇	盐水虾拼芹菜	开洋拼螺片

热　菜

奶扒鱼翅	德州扒鸡	酱烧全鸭	清汤鱼肚
银耳菊羹	糖醋鲤鱼	清汤肘子	大虾

点　心

高汤小饺	金丝面	水果

浙江风味筵席

席一：

冷　菜

白鸡拼芹菜	卤鸭拼菠萝	素火腿拼辣白菜	香肠拼萝卜条

四热炒

龙井虾仁	春笋鲅鱼	干炸响铃	糖醋里脊

大　菜

杭州煨鸡	蜜汁火方	东坡焖肉	生爆鳝片
杭家神仙煲	斩鱼圆	西湖醋鱼	宋嫂鱼羹
西湖莼菜汤			

点　心

吴山酥油饼	知味小笼

席二：

八味冷碟

宁波摇蚶	新风鳗鲞	醉泥螺	宁波大烤
秘制牛肉	盐水鸡	酱鸭舌	三丝脆皮

热　菜

薹菜小方烤	腐皮包黄鱼	蛋黄梭子蟹	锅烧河鳗
冰糖甲鱼	宁氏鳝丝	火瞳炖鸡	爆炒双脆
雪菜冬笋	咸菜大汤黄鱼		

点　心

宁波汤圆	鱼肉皮子馄饨

福建风味筵席

冷菜八味碟

素瓢捆蹄	酒泡红枣	五香牛腩	白斩沙田鸡
沙茶墨鱼	青菜鲍鱼	捆蹄	醉糟鸡

热　菜

油焗红鲟	七星鱼丸	太极芋泥	鸡汤氽海蚌
荷包鲍鱼	吉利大虾	佛跳墙	沙茶焖鸭块
八宝冬瓜盅	荔枝肉		

点　心

四方饺	炒面线	担仔面

安徽风味筵席

四冷菜

桂花肚	炸牛肉	椿芽拌鸡丝	和县炸麻雀

热　菜

清炖马蹄鳖	花菇石鸡	无为熏鸭	问政山笋
徽州毛豆腐	腌鲜鳜鱼	什锦虾球	鱼咬羊
葡萄鱼	寸金肉		

点　心

牛肉煎饺	大救驾	混汤酒酿元宵

上海风味筵席

冷　菜

彩蝶迎春（随五荤三素八围碟）

热　菜

水晶虾仁	生煸草头	红烧鲥鱼	红袍登殿
灌汤虾球	八宝辣酱	烟鲳鱼	虾子大乌参
清炒蟹糊	瓜姜鱼丝	八宝鸭	扣三丝
萝卜丝汆鲫鱼			

点　心

火腿金瓜丝酥饼　　南翔小笼包子

湖北风味筵席

冷　菜

琥珀核桃　珊瑚菜心　银针鸡丝　广米菠萝　红皮烤鸭　挂霜红莲

热　炒

蒜爆肚尖	茄汁鱼卷	软煎虾仁	龙眼土司

大　菜

奶扒鱼翅	核桃酥鸡	花菇鸽蛋	煎火腿饼
刺身鸡腿	冰糖燕菜	麒麟鲍鱼	金盏银凤

点　心

锅贴虾饺　　羊角奶酥　　菊花蛋糕

第八章 主题筵席及菜单实例

新疆"葡萄宴"

冷　菜
葡萄宴（总盘）

炸羊排	葡汁鱼块	琉璃葡萄	雪莲牛肉
葡萄雪鸡	马肠冷拼		

热　菜

葡萄羊腿	葡萄鱼	鸡丁葡萄	鹌鹑葡萄
丝路明珠	鸡油双素		

点　心

葡萄囊	抓饭烧麦	水酒（葡萄原汁、葡萄酒）

陕北八大碗

酥鸡	猪头凉片	麻辣肝花	红烧肘子
烧肉（或炖肉）	清蒸羊肉	回锅肉	羊肉丸
鸡蛋番茄汤	菠菜豆腐汤	软米油糕	白面馍馍

第九章

中国古今名宴简介

满汉全席

满汉全席是我国一种具有浓郁民族特色的巨型宴席。既有宫廷菜肴之特色，又有地方风味之精华；突出满族菜点特殊风味，烧烤、火锅、涮锅几乎是不可缺少的菜点，同时又展示了汉族烹调的特色，扒、炸、炒、熘、烧等兼备，实乃中华菜系文化的瑰宝。满汉全席原是官场中举办筵席时满人和汉人合坐的一种全席。满汉全席上菜一般一百零八种，分三天吃完。满汉全席菜式有咸有甜，有荤有素，取材广泛，用料精细，山珍海味无所不包。

满汉全席菜点精美，礼仪讲究，形成了引人注目的独特风格。满汉全席，分为六宴，均以清宫著名大宴命名。汇集满汉众多名馔，择取时鲜海味，搜寻奇珍异兽。全席计有冷荤热肴一百九十六品，点心茶食一百二十四品，计肴馔三百二十品。合用全套粉彩万寿餐具，配以银器，富贵华丽，用餐环境古雅庄重。席间专请名师奏古乐伴宴，沿典雅遗风，礼仪严谨庄重，承传统美德，侍膳奉敬校宫廷之周，令客人留连忘返。全席食毕，可使您领略中华烹饪之博精，饮食文化之渊源，尽享万物之灵之至尊。

满汉全席一：蒙古亲藩宴

此宴是清朝皇帝为招待与皇室联姻的蒙古亲族所设的御宴。一般设宴天正大光明殿，由满族一、二品大臣作陪。历代皇帝均重视此宴，每年循例举行。而受宴的蒙古亲族更视此宴为大福，对皇帝在宴中所例赏的食物十分珍惜。《清稗类钞·蒙人筵席之带福还家》一文中说："年班蒙古亲王等入京，值颁赏食物，必之去，曰带福还家。若无器皿，则以外褂兜之，平金绣蟒，往往汤汁所沾，淋漓尽，无所惜也。"

满汉全席二：廷臣宴

廷臣宴于每年上元后一日即正月十六日举行，是时由皇帝亲点大学士，九卿中有功勋者参加，固兴宴者荣殊。宴所设于奉三无私殿，宴时循宗室宴之礼。皆用高椅，赋诗饮酒，每岁循例举行。蒙古王公等皆参加。皇帝借此施恩来笼络属臣，而同时又是体现廷臣们功禄的一种象征形式。

满汉全席三：万寿宴

万寿宴是清朝帝王的寿诞宴，也是内廷的大宴之一。后妃王公，文武百官，无不以进寿献寿礼为荣。其间，名食美馔不可胜数。如遇大寿，则庆典更为隆重盛大，系派专人专司。衣物首饰，装潢陈设，乐舞宴饮一应俱全。光绪二十年十月初十慈禧六十大寿，于光绪十八年就颁布上谕，寿日前月余，筵席即已开始。仅事前江西烧造的绘有万寿无疆字样和吉祥喜庆图案的各种釉彩碗、碟、盘等瓷器，就达二万九千一百七十余件。整个庆典耗费白银近一千万两，在中国历史上是空前的。

满汉全席四：千叟宴

千叟宴始于康熙，盛于乾隆时期，是清宫中规模最大的，与宴者最多的盛大御宴。康熙五十二年在阳春园第一次举行千人大宴，玄烨帝席赋《千叟宴》诗一首，固得宴名。乾隆五十年于乾清宫举行千叟宴，与宴者三千人，即席用柏梁体选百联句。嘉庆元年正月再举千叟宴于宁寿宫皇极殿，与宴者三千零五十六人，即席赋诗三千余首。后人称谓千叟宴是"恩隆礼洽，为万古未有之举"。

满汉全席五:九白宴

九白宴始于康熙年间。康熙初定蒙古外萨克等四部落时,这些部落为表示投诚忠心,每年以九白为贡,即:白骆驼一匹、白马八匹。以此为信。蒙古部落献贡后,皇帝御宴招待使臣,谓之九白宴。每年循例而行。后来道光皇帝曾为此作诗云:四偶银花一玉驼,西羌岁献帝京罗。

满汉全席六:节令宴

节令宴系指清宫内廷按固定的年节时令而设的筵宴。如:元日宴、元会宴、春耕宴、端午宴、乞巧宴、中秋宴、重阳宴、冬至宴、除夕宴等,皆按节次定规,循例而行。满族虽有其固有的食俗,但入主中原后,在满汉文化的交融中和统治的需要下,大量接受了汉族的食俗。又由于宫廷的特殊地位,逐渐使食俗定规详尽。其食风又与民俗和地区有着很大的联系,故,腊八粥、元宵、粽子、冰碗、雄黄酒、重阳糕、乞巧饼、月饼等仪器在清宫中一应俱全。

满汉全席一共有108道菜式

一、蒙古亲藩宴

茶台茗叙:古乐伴奏、满汉侍女、敬献白玉奶茶

到奉点心:茶食刀切、杏仁佛手、香酥苹果、合意饼

攒盒一品:龙凤描金攒盒龙盘柱(随上干果蜜饯八品)

四喜干果:虎皮花生、怪味大扁、奶白葡萄、雪山梅

四甜蜜饯:蜜饯苹果、蜜饯桂圆、蜜饯鲜桃、蜜饯青梅

奉香上寿:古乐伴宴、焚香入宴

前菜五品:龙凤呈祥、洪字鸡丝黄瓜、福字红烧里脊、万字麻辣肚丝、年字口蘑发菜

饽饽四品:御膳豆黄、芝麻卷、金糕、枣泥糕

酱菜四品:宫廷小黄瓜、酱黑菜、糖蒜、腌水芥皮

敬奉环浆:音乐伴宴、满汉侍女敬奉、贵州茅台

膳汤一品:龙井竹荪

御菜三品:凤尾鱼翅、红梅珠香、宫保野兔

饽饽二品:豆面饽饽、奶汁角

御菜三品:祥龙双飞、爆炒田鸡、芫爆仔鸽

御菜三品:八宝野鸭、佛手金卷、炒墨鱼丝

饽饽二品：金丝酥雀、如意卷
御菜三品：绣球干贝、炒珍珠鸡、奶汁鱼片
御菜三品：干连福海参、花菇鸭掌、五彩牛柳
饽饽二品：肉末烧饼、龙须面
烧烤二品：挂炉山鸡、生烤狍肉（随上荷叶卷、葱段、甜面酱）
御菜三品：山珍刺龙芽、莲蓬豆腐、草菇西蓝花
膳粥一品：红豆膳粥
水果一品：应时水果拼盘
告别香茗：信阳毛尖

二、廷臣宴

丽人献茗：狮峰龙井
干果四品：蜂蜜花生、怪味腰果、核桃粘、苹果软糖
蜜饯四品：蜜饯银杏、蜜饯樱桃、蜜饯瓜条、蜜饯金枣
饽饽四品：翠玉豆糕、栗子糕、双色豆糕、豆沙卷
酱菜四品：甜酱萝卜、五香熟芥、甜酸乳瓜、甜合锦
前菜七品：喜鹊登梅、蝴蝶虾卷、姜汁鱼片、五香仔鸽、糖醋荷藕、泡绿菜花、辣白菜卷
膳汤一品：一品官燕
御菜五品：砂锅煨鹿筋、鸡丝银耳、桂花鱼条、八宝兔丁、玉笋蕨菜
饽饽二品：慈禧小窝头、金丝烧麦
御菜五品：罗汉大虾、串炸鲜贝、葱爆牛柳、蚝油仔鸡、鲜蘑菜心
饽饽二品：喇嘛糕、杏仁豆腐
御菜五品：山珍刺五加、清炸鹌鹑、红烧赤贝、白扒广肚、菊花里脊
饽饽二品：绒鸡待哺、豆沙苹果
御菜三品：白扒鱼唇、红烧鱼骨、葱烧鲨鱼皮
烧烤二品：片皮乳猪、维族烤羊肉（随上薄饼、葱段、甜酱）
膳粥一品：慧仁米粥
水果一品：应时水果拼盘一品
告别香茗：珠兰大方

三、万寿宴

丽人献茗：庐山云雾
干果四品：奶白枣宝、双色软糖、糖炒大扁、可可桃仁

蜜饯四品：蜜饯菠萝、蜜饯红果、蜜饯葡萄、蜜饯马蹄

饽饽四品：金糕卷、小豆糕、莲子糕、豌豆黄

酱菜四品：桂花辣酱芥、紫香干、什香菜、虾油黄瓜

攒盒一品：龙凤描金攒盒龙盘柱（随上）、五香酱鸡、盐水里脊、红油鸭子、麻辣口条、桂花酱鸡、番茄马蹄、油焖草菇、椒油银耳

前菜四品：万字珊瑚白、寿字五香大虾、无字盐水牛肉、疆字红油百叶

膳汤一品：长春鹿鞭汤

御菜四品：玉掌献寿、明珠豆腐、首乌鸡丁、百花鸭舌

饽饽二品：长寿龙须面、百寿桃

御菜四品：参芪炖白凤、龙抱凤蛋、父子同欢、山珍大叶芹

饽饽二品：长春卷、菊花佛手酥

御菜四品：金腿烧圆鱼、巧手烧雁鸢、桃仁山鸡丁、蟹肉双笋丝

饽饽二品：人参果、核桃酪

御菜四品：松树猴头蘑、墨鱼羹、荷叶鸡、牛柳炒白蘑

烧烤二品：挂炉沙板鸡、麻仁鹿肉串

膳粥一品：稀珍黑米粥

水果一品：应时水果拼盘

告别香茗：茉莉雀舌毫

四、千叟宴

丽人献茗：君山银针

干果四品：怪味核桃、水晶软糖、五香腰果、花生粘

蜜饯四品：蜜饯橘子、蜜饯海棠、蜜饯香蕉、蜜饯李子

饽饽四品：花盏龙眼、艾窝窝、果酱金糕、双色马蹄糕

酱菜四品：宫廷小萝卜、蜜汁辣黄瓜、桂花大头菜、酱桃仁

前菜七品：二龙戏珠、陈皮兔肉、怪味鸡条、天香鲍鱼、三丝瓜卷、虾子冬笋、椒油茭白

膳汤一品：罐焖鱼唇

御菜五品：沙舟踏翠、琵琶大虾、龙凤柔情、香油膳糊肉丁、黄瓜酱

饽饽二品：千层蒸糕、什锦花篮

御菜五品：龙舟鳜鱼、滑熘贝球、酱焖鹌鹑、蚝油牛柳、川汁鸭掌

饽饽二品：凤尾烧麦、五彩抄手

御菜五品：一品豆腐、三仙丸子、金菇掐菜、熘鸡脯、香麻鹿肉饼

饽饽二品：玉兔白菜、四喜饺

烧烤二品：御膳烤鸡、烤鱼扇

野味火锅，随上围碟十二品：鹿肉片、飞龙脯、狍子脊、山鸡片、野猪肉、野鸭脯、鱿鱼卷、鲜鱼肉、刺龙牙、大叶芹、刺五加、鲜豆苗

膳粥一品：荷叶膳粥

水果一品：应时水果拼盘

告别香茗：杨河春绿

烧 尾 宴

"烧尾宴"起源于文化经济繁盛的唐朝,为唐代著名的宴席之一。据《封氏闻见录》记载,士人初等第或升了官级,同僚、朋友及亲友前来祝贺,主人要准备丰盛的酒馔和乐舞款待来宾、名为烧尾,并把这类筵宴称为"烧尾宴"。对"烧尾"一词的解释说法不一:一说是人之地位骤然变化,如同猛虎变人一般,尾巴尚在,故需将其烧掉;二说新羊初入羊群,会因受羊群侵犯而不得安宁,只有火烧新羊之尾,它才会安定下来。人从平民进到士大夫阶层,如同新羊出入羊群一样,一时难以适应新环境,故需为之"烧尾"。三说源于鲤鱼跃龙门,指鲤鱼跃龙门后,龙身鱼尾,一把天火降下烧掉鱼尾,自此凡鱼就彻底脱胎化为天龙了,故"烧尾宴"又有脱胎换骨、平步青云、前程远大之意。

据《清异录》记载,唐景龙三年(709)三月,韦巨源官拜尚书令左仆射时,在家设"烧尾宴"宴请唐中宗,菜馔丰美,世所罕见,并留有一份《清异录》烧尾宴食单。整个宴会共有58道菜,冷盘,热炒,烧烤,羹汤、甜品、面点、粽、粥、食疗食品等一应俱全;食材广泛,既有山珍海味,也有家畜飞禽;用料考究,制作精细;烹调技术新奇别致,且花样繁多,光饼就有8种之多,各种馅料的馄饨竟达24种。一些菜名也取得生动有趣,如贵妃红,是精制的加味红酥点心;甜雪,即用蜜糖煎面筋一类;白龙,即鳜鱼丝;凤凰胎,即鸡腹中未生的鸡蛋与鱼白(鱼的精巢)相拌煮;雪婴儿,即蛙剥皮后裹上豆粉,下锅煎;箸头春,即烤鹌鹑;乳酿鱼,即用羊奶烹烧整条鱼;五生盘,即用羊、猪、牛、熊、鹿五种动物肉细切成丝,生腌成脍,再拼制成花色冷盘;长生粥,则是一款养生保健的食品。

"烧尾宴"尤费功夫的还是看菜,即工艺菜,主要用于装饰和观赏。如《清异录》烧尾宴食单上有一种叫"素蒸音声部"的菜,便是由素菜和蒸面做成的70件蓬莱仙子般的歌女舞女,一起挥动长袖,翩翩起舞的样子,美丽又壮观。还有一种叫"光明虾炙"的菜,则是用虾仁摆成灯笼图案,惟妙惟肖。而菜单所记载的58道菜,不是"烧尾宴"的全部,只是奇异品种的一部分,虽各道菜肴的具体制作工艺尚难得知,但由此可见唐代餐宴市场高档菜品的一斑。同时可由此想象"烧尾宴"的盛大与奢华。

筵席知识与设计制作

　　唐代的"烧尾"宴会虽然盛行一时,但仅仅维持了 20 年左右,直至唐中宗景龙时期苏瑰抵制始罢。《唐书·苏瑰传》记载,苏瑰拜尚书令右仆射同中书门下三品,进封许国公时,独不向皇帝进献"烧尾宴"。当时不仅百官嘲笑,中宗皇帝亦不悦。面对诸多同僚的讥讽和天子的不满,苏瑰直接向中宗皇帝进谏:"宰相是辅佐天子治理国家大事的,现在米粮腾贵,百姓吃不饱,卫士们甚至三天没有吃的,臣虽不称职,也不敢烧尾。"唐中宗也只得默认。从此,"烧尾宴"不再举行。

曲 江 宴

  最初的曲江宴是为落榜举子而设的赐宴。唐初,曾在曲江园为应试落榜者设宴,意在表达安慰之情。但是后来,这种宴会的性质渐渐发生了变化,变成了以及第的进士为主,另外还有很多高官参加的具有喜庆性质的宴游活动。这些宴游活动根据内容的不同,有着各种各样的名目,如大相识、次相识、小相识、闻喜、樱桃、月灯阁打毯、牡丹、看佛牙、关宴等。在这些宴游活动中,有朝廷下诏召集新进士们聚于曲江的闻喜宴会,也有新科进士们自己出钱组织的各种各样的宴会。尤其是到了中晚唐的时候,长安专门有"进士团"来负责筹备这种宴会。

  进士团主要由长安当地的一些闲散人员组成,设置录事、主宴、主酒、主乐、主菜等职位,专门负责组织进士们的宴游活动。他们往往是在当年的宴游一结束的时候,就开始筹备第二年的宴游活动了。当时的进士宴会办得非常豪华,宴会前几天,曲江岸边已行市骈阗,热闹非凡。正式举宴之日,除新进士、主考官参宴外,长安城内大臣、公卿富豪、商人等也倾城出动,会聚曲江。宴中,主考官与新进士们叙情,并接受门生们的拜谢。新进士的亲友及公卿等前来向新进士道贺。许多官贵携家眷,欲在新进士中物色女婿。商人们乘机抛售种种奇珍异物。前来观赏游宴盛况的,还有诸多百姓。时有皇帝携贵妃驾临赏宴。

  这一天,曲江园林充满盛大节日的气氛,钿车珠幕,栉比而至,红男绿女,粉至沓来,人流潮涌,乐声荡漾,盛况空前。对于新进士来说,曲江宴十分重要,可谓生平首次荣耀自己。他们身着盛装,乘鲜车健马,为显尊贵,要携带仆人,甚或有色艺出众的名伎相伴。这一日,新进士们十分繁忙;拜谢恩师,叙师生之情;结识权贵,交朋结友;品尝佳肴;游览湖光山色;参加娱乐活动;最后还要到大雁塔题名留念。曲江游宴种类繁多、情趣各异。其中以上巳节游宴、新进士游宴最为隆重,在历史上的影响最深。考中进士既然是这样的一件大事,自然是要庆祝一番的,庆祝的形式就是曲江大会,即曲江宴。

  因为筵席往往是在关试后才举行,所以也称"杏园宴",以后逐渐演变为诗人们吟诵诗作的"诗会"。按照古人"曲水流觞"的习俗,置酒杯于流水中,流至谁前则罚谁饮酒作诗,由众人对诗进行评比,称为"曲江流饮"。至唐僖宗时,也在曲江宴中设"樱桃宴"专门来庆祝新进士及第。

鹿 鸣 宴

鹿鸣宴是古代时地方官员为祝贺考中贡生或举人的"乡饮酒"筵席,起源于唐代、明清沿袭。饮宴之中必须先奏《鹿鸣》之曲,随后朗诵《鹿鸣》之歌以活跃气氛,显示某公才华。《鹿鸣》原出自《诗经·小雅》中的一首乐曲,一共有三章,三章头一句分别是"呦呦鹿鸣,食野之苹""呦呦鹿鸣之蒿""呦呦鹿鸣,食野之芩"。其意为鹿子发现了美食不忘伙伴,发出"呦呦"叫声招呼同类一块进食。

古人认为此举用来收买人心,展示自己礼贤下士。古人还以为乐歌"用以于宾宴则君臣和",有了美食而不忘其同伙,展示这是君子之风。不过此宴只是发达地区才认为时尚,穷困之地却不时兴,民国以后消失殆尽。

鹿鸣宴得名于明朝皇帝宴请科举学子以"鹿"为主辅的宫廷御膳,用来表示皇恩浩荡和对人才的器重。鹿一直以来被崇为仙兽,意象为难得之才;皇帝贵为天子,"鸣"意为天赐,故皇帝为东,才子为客的这一御膳被命为"鹿鸣宴",意指天子觅才、重才之宴。又一说为,鹿与"禄"谐音,古人常以鹿来象征"禄"的含义,以此为升官发财的盼望,而新科入举乃是入"禄"之始。但由于古代人们自谦含蓄,并不愿将财富放在嘴边,因为与修身齐家治国平天下的儒家思想有出入,于是取了"鹿鸣"这么一个富有诗意的名字。

探 春 宴

　　探春宴与裙幄宴是唐代开元至天宝年间仕女们经常举办的两种野宴活动。"探春宴"的参加者多是官宦及富豪之家的年轻妇女。《开元天宝遗事》记载,该宴在每年农历正月十五后的"立春"与"雨水"两节气之间举行。此时万物复苏,达官贵人家的女子们相约做伴,由家人用马车载帐幕、餐具、酒器及食品等,到郊外游宴。首先踏青、散步游玩,呼吸清新空气、沐浴和煦的春风、观赏秀丽的山水。然后选择合适的地点,搭起帐幕,摆设酒肴,一面行令品春(在唐代,"春"含有二重意义:一是指一般意义的春季;二是指酒。故称饮酒为"饮春",称品尝美酒为"品春");一面围绕"春"字进行猜谜、讲故事,进行作诗联句等娱乐活动。游玩之后,在草地上搭起帐篷宴饮。宴饮过程中有猜谜、作诗等娱乐活动,日暮尽兴还家。由于春天刚刚开始,因而称此宴为探春宴。期间有两个活动,先是"斗花",即购买或采集野花佩戴,女伴们互相比较谁的花更名贵漂亮;然后将裙子挂在四周的竹竿之上,围成一个幄帐,大家在里面宴饮取乐,因为用裙子围成幄帐,故称裙幄宴。仕女们心灵手巧,又擅长烹调,她们为了使这种"探春宴"和"裙幄宴"兴味更浓,往往在所带的酒肴上大费功夫,或在原料上滋味考究,或在花色、造型上猎奇,或在餐具、酒具、食盒上创新,因此这类游宴又促进了我国古代烹调技艺的发展,丰富了饮食品种。此宴具有鲜明的女性特色,这与性别心理、社会伦理观及时代风习均有密切关系。

第九章 中国古今名宴简介

酒 船 宴

　　酒船宴属于野宴范畴,但别具特色。筵席举办之日人们泛舟看景、饮酒取乐,听歌伎弹唱,别具风趣。唐文宗开成年间春天,河南府尹李待价准备在上巳节按当地风俗举行"祓禊"活动,让文臣武官及文人雅士齐聚洛水游宴赋诗。李府尹将此事说与洛阳县令裴令公,裴令公便请在洛阳做太子少傅的著名诗人白居易,太子宾客萧籍、刘禹锡、李仍叔,前中书舍人郑居中,国子司业裴恽,河南少尹李道枢,仓部郎中崔晋,司封员外郎张可续,驾部员外郎卢言,虞部员外郎苗愔,检校礼部员外郎杨鲁士和州刺史裴恰等15名文人前来凑趣。宋朝时船宴之风也乐此不疲,扬州城渡西湖沙氏制造的酒船号"沙飞舟",船舱里还设有炉房,名茶美酒及佳肴无不齐备。《题临安都》一诗就显示出当时的这种奢靡之风:山外青山楼外楼,西湖歌舞几时休?

琼 林 宴

琼林宴是为殿试后新科进士举行的筵席,始于宋代。宋太祖规定,在殿试后由皇帝宣布登科进士的名次,并赐宴庆贺。由于赐宴都是在著名的琼林苑举行,"琼林苑"是设在宋京汴京(今开封)城西的皇家花园。宋徽宗政和二年以前,在琼林苑宴请新及第的进士,故该宴有"琼林宴"之称。《宋史·乐志四》记载:"政和二年,赐贡士闻喜于辟雍,仍用雅乐,罢琼林苑宴。"所以政和二年以后,又改称"闻喜宴"。元、明、清三代,又称"恩荣宴"。虽名称不同,其仪式内容大致不变,仍可统称"琼林宴"。"琼林宴"相当于国宴水平,连表演唱歌跳舞的都是宫廷乐队,进士们不但与皇帝共饮御酒,还一起游园赏景,对很多人来说,琼林宴是这辈子唯一一次近距离接触皇上的机会,是光宗耀祖的事情,无上荣耀。据载,辽也曾设宴招待新科进士,地点在内果园或礼部,但也沿袭宋人,称之为"琼林宴"。宋朝状元文天祥曾有一首《御赐琼林宴恭和诗》描写琼林宴盛况:"奉诏新弹入仕冠,重来轩陛望天颜。云呈五色符旗盖,露立千官杂佩环。燕席巧临牛女节,鸾章光映壁奎间。献诗陈雅愚臣事,况见赓歌气象还。"

诈 马 宴

诈马宴是蒙古族特有的庆典宴飨整牛席或整羊席。诈马，蒙语是指燂掉毛的整畜，意思是把牛、羊家畜宰杀后，用热水燂毛，去掉内脏，烤制或煮制上席。是融宴饮、歌舞、游戏和竞技于一体的元朝宫廷大宴，又称"质孙宴"。

元朝实行两都制，每年春季，皇帝带领大批属僚从大都（今北京）到上都（今锡林郭勒盟正蓝旗境内）理政、避暑、祭祀等活动，期间大摆宴席，招待宗王大臣侍人等，这种宴会称作"诈马宴"，也称"质孙宴"，意思是"一色衣"。欢宴三日，不醉不休，赴宴者穿着质孙服，一日一换，颜色一致。

周伯琦《近光集》记载："国家之制，乘舆北幸上京，岁以六月吉日，命宿卫大臣及近侍，服所赐只孙，珠翠金宝，衣冠腰带，盛饰名马，清晨自城外各持采杖，列队驰入禁中，于是上盛服御殿临观，乃大张宴为乐。惟宗王、戚里、宿卫大臣前列行酒，余各以所职叙坐合饮，诸坊秦大乐，陈百戏，如是诸凡三日而罢。其佩服日一易；大官用羊二千，马三匹，他费称是，名之曰'只孙宴'。"只孙，华言一色衣也，俗呼为"诈马宴"。

这种大宴展示出蒙古王公重武备、重衣饰、重宴飨的习俗，较之宋皇寿筵气派更大，欢宴三日，不醉不休。赴宴者穿的只孙服每年都由工匠专制，皇帝颁赐，一日一换，颜色一致。菜品主要是羊，用酒很多。在这种大宴上，皇帝还常给大臣赏赐，得到者莫大光荣。有时在筵席上也商议军国大事。此活动带有浓厚的政治色彩。因此，它是古典筵席的一个特例。

元代诗人杨允孚对此宴做了表颂：千官万骑到山椒，个个金鞍雉尾高；下马一齐催入宴，玉阑干外换官袍。

700多年前，元朝皇帝忽必烈每年巡幸上都（今内蒙古锡林郭勒盟正蓝旗境内）都要摆"质孙宴"招待王公贵族。

诈马宴的菜分6大道，第一道叫天赐乳香，主要是奶制品；第二道叫那颜朝会，吃的是羊腿肉；第三道叫可汗赐福，吃的是烤全牛；第四道叫蒙古八珍，用草原上生长的绿色无污染的草原蘑菇、沙葱、枸杞、黄花、山野菜等原料制作而成；第五道叫塞外三宝，主要是黄金炸糕、莜面饺等；第六道是盛宴惜别，喝黄金茶。

按照元朝宫廷大宴的传统习惯,赴宴者要在外厅更换质孙服,即衣冠颜色完全一致的蒙古族服饰。身着华丽质孙服的宾客们依次落座后,由德高望重者宣读成吉思汗的法令,由此拉开筵席的帷幕。

与传统诈马宴比较,现代诈马宴有了很大改进。据布仁巴雅尔介绍,现代诈马宴在烹制方法上融入了很多现代因素。如史书记载,烤全牛是将剥过皮的全牛放入烤窑里,烘烤两天两夜才能出窑。而今天的烤全牛用烤箱烘烤八个小时就能上桌。现代诈马宴的全程也由史书上记载的三日缩短为两个小时。

现代诈马宴也是一场蒙古族原生态音乐的盛宴。筵席上演唱《天马吟》《牧马歌》等从元代流传下来的音乐,表演优美的宫廷舞蹈。

全 羊 席

蒙古语称之为"秀什"或"不禾勒",蒙古族招待贵宾的传统佳肴,又称整羊席。它是蒙古民族最古老、最隆重的一种筵席。一般只在盛大筵席、隆重集会、举行婚礼或接待高级贵宾时才摆设。通常将整羊加工后摆在长方形的大木盘里,像一只卧着的活羊,肉味鲜美,香飘满堂,浓郁扑鼻。宾客在进餐前,还要举行一定的仪式,高唱赞歌,朗诵献整羊的祝词等。据文献记载,成吉思汗曾设过全羊宴。忽必烈登基时,也设全羊宴祭神祇、待宾客。到了清代,全羊宴更加盛行,北京罗王府和内蒙古各盟旗王府中,都以全羊宴接待来宾。

锡伯族称之为"莫尔雪克",意思是"碗里盛的菜肴"。这个菜肴是用羊身上的杂碎做的,需要新鲜的羊心、肝、肺、大肠、小肠、肾、羊舌、羊眼、羊耳朵、羊肚、羊蹄、羊血等材料,每种材料做两种带汤的菜,被盛在16个瓷碗里。不能盛满,随吃随添,始终保持食物温度诱人,每碗菜上要撒少许香菜和葱花,用来装饰和提味。品味时,还配有各种蔬菜腌制"花花菜"和美酒。此席是锡伯族用来款待贵客和亲朋好友的。羊肉汤和羊肉,还有烙得很薄的发面饼子也会伴席端出。

全羊席是清真菜中的最高档筵席。其文字记载最早见于清代著名文学家、美食家袁枚的《随园食单》:"全羊法有七十二种,可吃者不过十八九种而已。此屠龙之技,家厨难学。一盘一碗,虽全是羊肉,而味各不同才好。"

民国五年,徐珂编撰的《清稗类钞》中《饮食类·全羊类》记载:"清江庖人善治羊,如设盛筵,可用羊之全体为之、蒸之、烹之、炮之、炒之、爆之、烤之、熏之、炸之。汤也、羹也、膏也、甜也、咸也、辣也、椒盐也。所盛之器,或以碗,或以盘,或以碟,无往而不见羊也。多至七八十品,品味各异。吃称一百有八品者,张大之辞也。中有纯以鸡鸭为之者,即非回教中人,亦优为主,谓之全羊席。同光间有之。"这段文字较翔实地记载了全羊席的烹制方法,菜品形状、品味以及盛菜器皿,并注明全羊席流行于清朝同治、光绪年间(1862—1908年)。徐珂的记载与袁枚时相比较,菜品总数由72种增加到108种,实际制作的也有由近20种增加到近80种,表明了全羊席发展、完善的过程。

民国后发现的署名"同治五年丙寅岁季冬月逆五日,程记录"的《筵款丰馐依样

《调鼎新录》手抄本则记录了当时全羊席的菜品名称与烹制方法。记有 60 余种菜品：云顶盖、顺风耳、千里眼、闻草香、鼻脊管、口叉唇、上天梯、巧舌根、双黄喉、胳肋肉、桃核囫、白云花、玲珑心、白叶肺、蜂窝肚、伞把头、菊花肠、水珠子、枣泥肝、麒麟筋、鸳鸯腰、胆邦条、千层肚、呼狼盏、银丝肚、夹沙肝、拌净瓶、羊双膝、玻璃丝、天花板、娥眉元、西洋卷、羊子盖、金钱尾、糟羊肝、熘肺丁、双皮鳞、里脊丝、炒荔枝、锅煎肉、炸肝卷、青香菜、腰窝油、千子签、风云肺、白云条、什锦菜以及用羊肉、羊血制作的腐、酪、肠、汤等菜品。

至民国初年，全羊席已日臻完善，发展成为礼仪庄重、仪式严谨、菜肴精致、配膳合理的盛筵。除 108 道全羊菜品外，上菜之前要有四干、四鲜、四蜜饯、四青菜、四冷菜、四甜碗；上菜之中插四甜、四咸点心及醒酒汤；席末要上四种主食和四种汤菜，使整个全羊席上的菜点达 150 余种。据考究，这种全羊席最早出现在天津，是在清末民国初餐饮鼎盛时期，在号称清真十二楼的大饭庄激烈竞争中日趋完善的，并产生了天津风味清真菜，擅长烹制河海两鲜、山珍海味和全羊席的一代名厨——会芳楼的穆祥珍和鸿宾楼的宋绍山等。

在这些名厨的探索和创新中，全羊席已达到了"食羊不见羊，食羊不觉羊"的完美境界。每道菜品取料极为精细、取名极为奇巧，烹调极为高超，组合极为考究。如取羊耳可做三种菜，耳尖为"迎风扇"、耳中为"双飞翠"、耳根为"龙门角"；鼻能做三种菜，鼻尖为"采灵芝"、鼻梁肉为"望峰坡"、鼻脆骨为"明骨鱼"；舌也能做三种菜，舌尖为"落水泉"、舌根为"迎草香"、舌旁颊肉为"饮涧台"；羊心从心头至心尖可烹为六道菜：鼎炉盖、提炉顶、凤头冠、爆炒玲珑、七孔灵台、安南台；上下眼皮烹制的菜名为"明开夜合"等。取名之高妙，寓意之贴切令人拍案叫绝。同时还有借"八珍"取名的，如：干炸龙肝、清烩凤髓、红烧豹胎、香糟猩唇、黄焖熊掌、清炖鹿筋等。也有"会意"吉祥的，如寿天百禄、满堂五福、三阳开泰、八仙过海、百子葫芦、吉祥如意等菜品，使全羊席不仅满足了顾客的眼目之福、口腹之欲，也给食客带去了艺术上的享受，充分体现出中国饮食文化的博大精深。

时至 20 世纪 80 年代宴宾楼的工春彤师傅不仅整理了"全羊席"（见下面菜单），又在原全羊大菜的基础上创制出"滑炒凤丝""雪片纷飞""甜蜜常思""青山挺立""旭日东升""西施腐乳""春回大地""银装素裹""三体相会""荟萃一堂""烩脊脑眼""烹烧鹿筋"等 12 道新品，进一步丰富了全羊菜的内容。

第九章 中国古今名宴简介

洛阳水席

洛阳水席,是河南洛阳一带特色传统名宴,属于豫菜系。洛阳水席始于唐代,至今已有1000多年的历史,是中国迄今保留下来历史最久远的名宴之一。

2018年9月,"洛阳水席"被评为河南十大主题名宴。洛阳人把水席看成是各种宴席中的上席,以此来款待远方来客。它不仅是盛大宴会中备受欢迎的席面,就是平时民间婚丧嫁娶、诞辰寿日、年节喜庆等礼仪场合,人们也惯用水席招待至亲好友,人们亲切地称它为"三八桌"。它作为传统的饮食风格,和传统的牡丹花会、古老的龙门石窟,并称为洛阳三绝,被誉为古都洛阳的三大异风,成为洛阳人的骄傲。

洛阳水席,历史悠久,古今驰名。所谓"水席",有两层含义。一是以汤水见长,二是吃一道换一道,一道道上,像流水一般。故名"水席"。洛阳水席的特点是有荤有素、选料广泛、可简可繁、味道多样,酸、辣、甜、咸俱全,舒适可口。洛阳水席,来自民间,是洛阳一带特有的传统名吃。概括来讲,它酸辣味殊,清爽利口。唐代武则天时,将洛阳水席下旨进皇宫,加上山珍海味,制成宫廷宴席,又从宫廷传回民间。后日渐形成特有的风味。因仿制官府宴席的制作方法,故又称官场席。

洛阳水席,由24件组成,简称"三八席"。包括8个冷盘、4个大件、8个中件、4个压桌菜,冷热、荤素、甜咸、酸辣兼而有之。上菜顺序极为考究,先上8个冷盘作为下酒菜;待客人酒过三巡再上热菜;首先上4大件热菜,每上一道跟上两道中件(也叫陪衬菜或调味菜),美其名曰"带子上朝";最后上4道压桌菜,其中有一道鸡蛋汤,又称送客汤,以示全席已经上满。热菜上桌必以汤水佐味,鸡鸭鱼肉、鲜货、菌类、时蔬无不入馔,丝、片、条、块、丁,煎、炒、烹、炸、烧,变化无穷。洛阳水席,有三大特点:一是有荤有素,有冷有热;二是有汤有水,北方南方均为可口;三是上菜顺序有严格规定,搭配合理、选料精细、火候恰当。洛阳水席,又分为高、中、低三个档次,可据情而定,故深受城乡人民的普遍欢迎,长盛不衰。

洛阳水席的菜点主要有:牡丹燕菜、料子全鸡、西辣鱼块、油炒八宝饭、洛阳肉片、米粉排骨、洛阳大腰片、炖鲜大肠、生氽丸子、五彩肚丝、条子扣肉、洛阳水丸子、蜜汁红薯、山楂甜露、焦炸丸子、鸡蛋鲜汤、假海参等。洛阳水席并不讲究用料的名贵,一般的生猛海鲜都不用,只讲究做法。

四川田席

四川民间喜庆筵席,又称三蒸九扣席,始于清代中叶,常设在田间院坝。最初是秋后农民庆贺丰收宴请乡邻亲朋好友举办的,以后发展为婚宴、祝寿、迎春以及办丧事时聚宴应用的筵席,因其源于田野乡村得名。它的特点:就地取材、朴素实惠、蒸扣为主、肥腴香美。

川西坝上的普通田席,常由大杂烩、红烧肉、姜汁鸡、烩明笋、粉蒸肉、咸甜两味烧白、夹沙肉、蒸肘子、清汤等九大碗组成。有时不用清汤,而以"红白萝卜三下锅"(即用红、白萝卜干、青菜头,与腊肉骨头汤同煮而成)为汤菜。菜肴形式不一,如有些菜肴是清蒸杂烩、扣鸡、夹沙肉、带丝全鸭、酥肉、清蒸肘子、咸烧白、红烧鱼、糯米饭;还有的是清蒸姜汁肘子、烧杂烩、咸烧白、粉蒸肉、红烧肉、蒸鸡蛋、鲜笋烩肉片、带丝酥肉汤、糯米饭;其他形式还有清蒸杂烩、扣鸡、夹沙肉、带丝全鸭、酥肉、清蒸肘子、咸烧白、红烧鱼、糯米饭等。

成都高档田席

冷菜:中盘(金钩)、八单碟(糖醋排骨、红油老肝、芝麻川肚、炸金箍棒、凉拌石花、炝莲白菜、红心瓜子、盐花生仁)

热菜:烩乌鱼蛋、水滑肉片、烩鸡松菌、烩百合羹

大碗:攒丝杂烩、明笋烩肉、炖砣砣肉、椒麻鸡块、肉焖豌豆、米粉蒸肉、五花咸烧、蒸甜烧白、清蒸肘子

汤点:带丝酥肉汤、蝴蝶卷

第九章　中国古今名宴简介

新疆"九碗三行子"

正宗的"九碗三行子"一共有九道菜，分别用九个大小一样的碗来盛，并把九碗菜摆成每边三碗的正方形，这样，不管从哪个角度看，都是三行，因此，起名"九碗三行子"。

盛唐中叶，伴随着"茶马互市"中穆斯林的频繁往来，中国回族族群初步形成，中国回族清真饮食业也在唐朝初见端倪。其中，一部分回族在丝绸之路北道重要的连接点昌吉，形成了有自己民族特色的饮食文化。后来，又慢慢发展到了新疆的其他一些地方。各民族之间在进行文化与经济交融的同时，清真饮食业也得到了充分发展。

清朝以后，许多内地的回族来到了新疆，为了生存，他们选择进入了成本较低的饮食行业。开始在新疆大地上繁衍生息。这些能干勤劳的回族人按照生活习俗，用面粉、牛肉、羊肉不断地演绎出一些极具特色的风味小吃，比如：烫面饼子、油香、葱油香、拉条子、汤揪片、牛肉面、凉皮子、火烧、"九碗三行子"等，多的时候有六七十种。"九碗三行子"也就从那个时候慢慢流传开了。

最早的时候，"九碗三行子"一般出现在回族人的节日、婚丧嫁娶时等一些重要活动的家宴上，是回族饮食文化中的代表之作。虽说是九碗菜，但实际上只有5种菜品：丸子、焖子、黄焖肉、夹沙肉，最后是中间摆放的一份水菜（汤）。后来，"九碗三行子"慢慢从家宴走进了一些回民开的清真饭馆里，这也意味着"九碗三行子"开始走向市场。但因为这道佳肴吃起来程序比较烦琐一些，人们不太习惯，"九碗三行子"宴曾淡出过人们的餐桌。改革开放后，在一些老顾客的要求和游客们的寻找建议下，"九碗三行子"又重新走上了人们的餐桌。只不过，现在的"九碗三行子"已不像以前的了。除了在原料上有不少改进外，有些大师傅在做菜时还增加了蒸南瓜、烧椒麻鸡、酸辣鱼、烧羊排等花样，甚至"素"的"九碗三行子"也出现了，而且盛菜的碗大多数都变成了盘子，有的盘子周围还点缀一点雕花。无论从吃的种类上来说，还是从盛菜的器具上看，都更适合现代人饮食的需求了。

"九碗三行子"的制作过程、摆法、上菜都非常讲究。一般要求盛放器具精致、色泽诱人、令人赏心悦目。尤其上菜时很有名堂，通常先上四个角的肉菜，称之为

"角肉",然后再上四个边的菜,其中对面的两碗菜,名称要对称,叫"门子"。"门子"菜就和菜名要一样,但花样和原料可以有区别。它讲究荤素、色彩、口味搭配,比如东面是丸子,那么西面的菜也必须是丸子,但一面的丸子可以用牛肉,另一边的丸子可以用羊肉,另外也可分别放些鸡蛋、木耳之类的配料,以示区别。这样要求的目的是增加菜的花色和品种,使菜品看上去更丰盛些。最后上中间的那碗菜,一般放凉菜或是别的菜,讲究一些的通常会放杂碎汤或者肉汤。

从制作工艺来看,"九碗三行子"的菜都不用油炸或炒。其烹饪全部用蒸、煮、拌。菜的原料主要是牛肉、羊肉、鸡肉以及白菜、豆腐、粉条、辣子、木耳、黄花菜、鸡蛋、葱花。有时根据四季上市蔬菜的不同,所做的菜的内容会有所变化。几乎每道菜都集中了煎、炸、炒、烹、调等各种手艺,显示了回族最高的、最古老的烹饪技艺,这些技艺属于回族的文化精品,九碗菜是同时在大蒸笼里蒸的,所以上菜速度很快,一两分钟内即可上齐,客人对每道菜都能吃上热的。由于九碗菜都不过油,选料精细,所以吃起来不腻人且爽口。当然,做"九碗三行子"的宴席,前提是要做充分的准备工作,要根据客人的多少,准备足够的肉和菜。

"九碗三行子"中同样有丰富的文化内涵。它不只是一道简单的菜肴,如果去掉中间的水菜,再仔细看就是一个回族的"回"字,九在回族人的心目中,是个吉利的数字,当平整的方盘里盛着九碗三行子端上来时,其实已涵盖了人们最朴素的祈愿:天下太平。这样,菜肴中的文化味道也就随着菜的香气飘过来了。

随着社会的发展,时代的变迁,现在的"九碗三行子"已融入了各民族饮食的特点。但不管怎样变,菜肴的内容花样怎样翻新,这道美味佳肴的摆法永远都没有改变过。人们吃的是秀色可餐的菜肴,品的却是其乐融融的文化。

青海"清真老八盘"

八盘,即青海地方风味宴席,是青海高原河湟谷地独特上乘宴席菜肴,它以特有的菜品和韵味,独树一帜,在青海高原河湟谷地享有盛誉。"老八盘"由凉菜八种、热菜八种等组成,尤其以热菜为代表。它以炖、烧、炒、蒸、煮、熘、炸为主的烹饪技术,形成了青海高原河湟谷地多种的菜馔佳肴。

2018年9月,被评为"中国菜"之青海主题名宴。

老八盘入席前,先上茶水、糖果、干果和手碟;入席后先上全盘和油、醋(一般装入大碗上放香菜,由入席者分别盛给坐席者),然后上八个凉菜,八个热菜依次上桌(席间配上青稞美酒)。听师傅说最最老的老八盘分两天吃完。头一天吃"全盘"和"八个凉菜";第二天吃"八个热菜"(青海人好客,爱喝青稞酒,"全盘"一上开始喝酒、吃凉菜,没等热菜上来就喝醉了,所以第二天吃热菜)。

有"清真全席"之气势的"雅君清真老八盘"宴席,主要原料是牛、羊、鸡肉及时令蔬菜,制作中多为油炸和蒸制;宴席由茶品、面点、油食、干果、(辅菜)凉菜、(主菜)热菜,以及暖锅、后四碗共八道三十六品美食佳肴组成。取名"八"之数,意即美满、发达之意,"三十六"更表达了回族群众期盼"六六大顺"的美好心愿。

这种宴席不仅摆法有讲究,而且上菜时也有约定俗成的规矩。不仅充分展示了青海回族的饮食文化特色,也表现出中华传统思想对中国人衣食住行消费生活的文化主导和对传统伦理价值的核心——礼制,达到了最大范围的认同。由于回、汉、满、蒙等各民族长期杂居,从事烹饪行业的回族人特别善于学习和吸取其他民族中好的烹饪方法,因而使青海清真菜的烹饪技法由简到繁、由少到多,日臻完善,炒、熘、爆、扒、烩、烧、煎、炸无所不精,形成了独具一格的清真菜体系。

清真全席在清代名列宫廷大宴,驰名京城;而独具特色的"雅君清真老八盘"宴席,堪称是青海清真饮食文化的集大成者。不仅有芳香的茶事,让一向司空见惯的熬茶、奶茶、盖碗茶等都成为了一缕记载地方文化芳香的景致,也有不仅寓意着人们企盼"四季发财"或"四红四喜"的美好寄托的油香、馓子、麻花、"花花儿"等让人垂涎欲滴的油食,更有承载着一个民族曾经用心智煎炸出嫩香的那段久远记忆。还有用麦香捏成的面点花朵,宛如绽放在高原上的绚丽花朵,不仅飘散出悠久的清爽,更记忆着古朴的麦香。

在"雅君清真老八盘"宴席上,具有代表性的系列主菜,也是传统的青海"清真老八盘"。主要菜有:酸辣里脊、烧羊筋、糊羊(牛)肉、手抓羊肉、葛仙汤、苏合丸、炒鸡肉、肉炒兰片、暖锅和后四碗等。

青海的回族人吃宴席有许多讲究,其中也蕴藏着深厚的民俗礼仪。凡参与其中的所有人员,一律都要衣着整洁,面目清净;喜事的总管、其他人员、提壶、端盘的均要戴洁白的顶帽,穿戴美观大方,以示对客人的敬意。客人入席时,首先要安座,请最尊贵的客人入首座,依次类推再按各序坐。过去青海回族穆斯林待客活动一般都在自己的家里进行,因而首席客人都是在正房的大炕上落座。其次是倒茶,都是先将未斟满茶的杯子落放于客人的面前,再斟满杯子,以示对客人的崇敬之意,并以此对客人的光临表示谢意。斟茶时,必须用右手提壶,左手扶住茶壶,面向客人,躬身施礼。席间请客人吃菜、吃主食,都用"口到"等回族人常用语渲染文雅,一般不用"夹菜""吃馍""喝茶"等俗语。同时,上热菜时都是上一道菜,吃一道,收一道,最后一盘不收,待全桌人放下筷子收盘。

在宴席将结束时摆上来的一个铜火锅和四个下饭的菜——由于是用碗盛的,俗称"后四碗"。这四个下饭的菜肴中有肉片、粉条、丸子、素豆腐、炒辣子等,另有一大碗酸汤,并伴有一小碗米饭为主食。更耐人寻味的是,在青海回族传统的宴席上,暖锅和"后四碗"一般不算在八盘之列,却代表了主人对客人的一片心意,富有"道一声珍重"的气息。过去,由于生活条件差,青海各地的普通百姓一年到头都很少有吃宴席的机会;加之待客的家庭也都会有经济条件等因素的限制,一般的宴席上,只是上八道热菜而已。于是很多时候,虽然吃了八道大菜,但仍然有一些客人有吃不饱的现象。因而暖锅和"后四碗"就成为了"八盘"之后的补充。但在大多数人家的宴席上,都没有暖锅和"后四碗"。

全 鸭 席

顾名思义,全鸭席是以北京填鸭为主料烹制各类鸭菜组成的筵席,首创于中国北京全聚德烤鸭店。一席之上,除烤鸭之外,还有用鸭的舌、脑、心、肝、胗、胰、肠、脯、翅、掌、鸭蛋等为主料烹制的不同菜肴,故名全鸭席。特点是宴席全部以北京填鸭为主料烹制各类鸭菜肴组成,共有一百多种冷热鸭菜可供选择。用同一种主要原料烹制各种菜肴组成筵席是中国宴席的特点之一。全聚德原以经营挂炉烤鸭为主,后来围绕烤鸭,供应一些鸭菜的就餐方式,即成为全鸭席的雏形。随着全聚德业务的发展,厨师们将烤鸭前从鸭身上取下的鸭翅、鸭掌、鸭血、鸭杂碎等制成全鸭菜。

到20世纪50年代初,全鸭菜品种已发展到几十个。在此基础上,大厨们对鸭子类菜肴不断进行研究、改革和创新,充分利用了填鸭的每一个部位,结合最为恰当的烹饪手法,制成全鸭席。

在中国外交史上,就有"乒乓外交"和"烤鸭外交",周恩来总理曾多次将全聚德全鸭席定为国宴。接到任务后,大厨们则会根据各个国家的风俗习惯和口味来制定具体的全鸭席菜单。

全国著名全席有:天津的全羊席、上海的全鸡席、无锡的全鳝席、广州的全蛇席、苏杭的全鱼席、四川的豆腐席、西安的饺子宴、佛教的全素席等。

全 素 席

素席是在素菜的基础上产生和发展起来的。中国的素菜大约起源于周人,距今已有三千多年的历史。汉代豆腐的问市,为素菜的发展奠定了一定的物质基础。魏晋南北朝时期,素菜有了飞跃的发展。南朝梁武帝萧衍,笃信佛教,作《断酒肉文》,竭力提倡素食,在历史上产生了较大影响。特别是部分佛教徒把戒杀生与绝对素食联系起来,演化出僧寺禅院的"香积厨""伊蒲馔"。进而使素菜在佛教兴盛的南朝很快得到普及。唐宋时期,素菜烹调技艺相当高超。唐代时仅可用素料做成形似猪腿、羊腿、烤肉等品种,而且还达到以假乱真的程度,开创了以素托荤的先河。北宋汴京(今河南开封)和南宋临安(今浙江杭州)肆上已有素食店,能用"乳麸、笋、粉"等原料,精烹细调为花色繁多的素筵,以供素食宴会享用。当时的士大夫总结了饮食经验,主张蔬馔清供。林洪所撰《山家清供》中的菜点大部分是素菜,其中的假煎鱼、罂乳鱼、胜肉夹、素蒸鸡等也是以素托荤的名菜。

宋元至明清,寺院素菜已能配成品位甚高的全素席。许多菜肴,以素仿荤,如素鸡、素鸭、素鱼、素火腿等,不但与荤菜形似,而且味道也略为相近。寺院斋厨用白萝卜或茄子加发面等原料制成"猪肉",用豆制品、山药泥烹制出"油炸鱼",用绿豆粉掺水仿制成"鸽蛋",用胡萝卜加土豆仿制成"蟹粉",厨师的巧思和手艺满足了人们饮食情趣上的需要。不过,佛教中有人反对素菜荤名,认为是犯了"意杀戒",因而称素鱼为"如意",称素香肠为"玛瑙卷"。

素席是以蔬菜、果品、菇耳、粮豆等植物性原料为主体制作的筵席。素席包括:用一种原料或多种原料制成的全素席;禁绝一切荤腥原料的纯素席;适当配用蛋、奶、鸡汁的荤素席;素质素名的清素席;素质荤名的花素席及斋戒席,酬谢僧侣的佛事素席等。

素席选用三菇(香菇、麻菇、草菇)、六耳(石耳、黄耳、桂花耳、白背耳、银耳、榆耳)和季节时蔬、果品、豆制品、花卉入肴,不用五辛(大蒜、小蒜、兴渠、慈葱、茖葱)、五荤(韭、薤、蒜、芸薹、胡荽),以保证菜式的清秀。在制作上既重视清炒、清烩、清炸、清蒸、清炖,少加粉饰,以突出物料的清新和本色原味,又注意"以素托荤""荤形素质""素菜荤名",力求形似、味近。

下面介绍的两例素席,充分体现出用普通的原料烹制出精美高档筵席的神奇功底。

例一:燕翅席

四鲜、四干、四蜜饯、四押桌

八冷菜:

大件:高汤燕菜(冬瓜丝及苹果、黄豆芽吊成的素汤)、扒蟹黄鱼翅(黄花菜、胡萝卜、香菜)、炒青虾仁(南荠、黄瓜)、糖醋排骨(藕、水面筋)、罗汉斋(八种素菜)、炒鳝鱼丝(香菇、香菜)、糖醋黄鱼(豆皮、素馅)、栗子扒白菜(大白菜、栗子)、全家福(香菇、腐竹、笋、山药、面筋、豆泡、南荠)

小菜:烩素帽、炒面筋丝、炒兰白线、素什锦、金边白菜、灯笼面筋

点心:素包、素卷圈、素盒、素鹅脖

素汤:用金针菇、木耳、西红柿、豆皮烹制

此席是素质原料仿制的荤式酒筵,运用刀工将原料改造为形态逼真的燕窝。"鱼翅""虾仁""排骨""鳝鱼丝""黄花鱼",达到以假乱真的境地,既满足了食素客人的需求,又体现出厨师高超的技艺,是典型的素质荤名花素席。

例二:斋席

六冷菜或八冷菜

大件:金花献佛(黄花菜)、佛海寻珠(西芹、夏果)、法轮常转(苹果)、禅心似月(豆腐、素馅)、佛陀悟禅(香菇、油菜、笋)、天帝散花(玉米、枸杞、茉莉花、百合)、佛门仙斋(藕、水面筋)、吉祥如意(芋头)、东篱赏菊(竹荪、胡萝卜、菊叶)、苦尽甘来(苦瓜、素三丝)

面点:麻团

饭菜:红棉袈裟(白菜、胡萝卜、香菇)、圆圆满满(豆腐丸子)、百年好合(百合、小枣)、罗汉全斋(八种素菜烹制)

素汤:黄花菜、豆皮、笋、木耳、西红柿、黄豆调制的素汤

此席是酬谢僧侣做佛事的斋戒素席。全席均为素质原料,用佛门禅语或富有禅意的诗名、典故冠名,蒙上一层宗教色彩的纱幕,肴馔纯净,刀工细腻,造型精致,席面秀雅,档次较高。

按照现代营养科学测算,素席中的植物蛋白、脂肪、碳水化合物、维生素、矿物质及人体内所需的营养物质不仅充分,而且配比适当,利于消化吸收,适合于当今世界上"低糖、低盐、低脂肪、高蛋白"的饮食潮流。如再加上花卉、果品、药材、食用菌烹制,还可起到抗病、延缓衰老,护肤美容的作用。为此,素席将得到更多食客的青睐。

淮安长鱼席

长鱼,即鳝鱼,状如蛇,又称蛇鳝,在汉代象征着尊贵之物。清同治、光绪年间,淮安名厨善于以鳝鱼做全席之宴,因此淮安长鱼宴流传开来。现为江苏十大主题名宴之一。清代徐珂所撰《清稗类钞》中说:"同光间,淮安多名庖,治鳝尤有名,胜于扬州之厨人,且能以全席之肴,皆以鳝为之,多者可至数十品。盘也,碗也,碟也,所盛皆鳝也,而味各不同,谓之曰全鳝席。"传统的长鱼席每席为八大碗、八小碗、十六个碟子、四个点心,因此才有了"八大碗,八小碗"的说法。

清代的淮安是全国的盐漕重地,繁华富庶,官场与民间的饮食之风极盛。清人吴芗厈在其《客窗闲话》记述了到河下盐商家做客的情形:"筵上安榴、福荔、交梨、火枣、苹婆果、哈密瓜之属,半非时物。其器具皆铁底哥窑,沈静古穆。每客侍以娈童二,一执壶浆,一司供馔。馔则客各一器,常供之雪燕、冰参以外,驼峰、鹿脔、熊蹯、象白,珍错毕陈。妖鬟继至,妙舞清歌,追魂夺魄。"而关于清江浦的江南河道总督署的官员对于饮食的奢靡,清末思想家薛福成在《河工奢侈之风》一文中,专有记载:"余尝遇一文员老于河工者,为余谈道光年间南河风气之繁盛。凡饮食衣服车马玩好之类,莫不斗奇竞巧,务极奢侈。即以宴席言之:一豆腐也,而有二十余种;一猪肉也,而有五十余种。豆腐须于数月前购集物料,挑选工人,统计价值,非数百金不办也。"如此奢靡的社会风气正是长鱼席产生的社会基础。

传说长鱼席有一百零八道菜,为清代淮安名厨张恺所创,他认为"仙有天罡地煞,菜有一百零八",于是苦心钻研做出了这蜚声海内的长鱼席来。清代徐珂的《清稗类钞》对两淮长鱼席有翔实记叙:"同光间,淮安多名庖,治鳝尤有名,胜于扬州之厨人,且能以全席之肴,皆以鳝为之,多者可至几十品。盘也、碟也,所盛皆鳝也。而味各不同,谓之全鳝席。号称一百有八品者,则有纯以牛羊豕鸡鸭所为者含计之也。"其时,淮厨治鳝多有绝妙之处,口碑广为流传。完全用一种原料来做筵席,需要很高的技术,而且总会有单调的感觉,所以,以长鱼为主,辅以"牛羊豕鸡鸭"的设计思路是很科学的。这种标准长鱼席要分三日吃完,每日一席,每席菜品不同样。想想那些富商高官接连三天的饮宴,就叫人叹息不已,但厨师的聪明才智也同样叫人叹服。

第九章　中国古今名宴简介

全 鱼 宴

一、白洋淀全鱼宴

享誉中外的"白洋淀全鱼宴"是鱼类菜肴中的精品。2018 年 9 月,"白洋淀全鱼宴"被评为河北十大主题名宴。

其一,部分鱼菜是吃鱼不见鱼的。这主要是采用了多种刀工和烹调方法,从造型到口味、色调都不相同,有的造型很美,富有诗情画意。

其二,是因材施艺,物尽其用。以炒鱼片为例,主要是用鱼背,这里肉肥而嫩;鱼头则可做鱼汤,成为名副其实的一鱼两做。

其三,讲究当地原料入馔,以烹制鲜活见长,原料丰富,刀工细腻,口味清淡。菜品配以精美瓷器,别具风格。白洋淀"全鱼宴"有广义与狭义之分。广义的包括鱼、虾、蟹等水产品在内,而狭义的只包括鱼类。

大众餐饮有四凉四热、六凉六热、八凉八热。凉菜包括凉拌鱼丝、芝麻鱼条、香辣鱼肝、蛋皮鱼卷、酥炸鱼块、烧拌鱼丝等,热菜包括酥鱼片、炒鱼片、熘鱼片、清蒸甲鱼、爆炒圆鱼、清蒸圆鱼、鲇鱼豆腐、爆炒鲇鱼、金毛狮子鱼、红烧鱼段、红烧鲤鱼等。

高品位的全鱼宴包括八凉八热、两个饭菜、一个汤菜,共十九品菜。

凉菜:花式大拼盘、蛋皮鱼卷、酥炸鱼条、香辣鱼肝、凉拌鱼丝、酸辣鱼块、玻璃鱼、芝麻鱼饼。

热菜:蟹粉鱼唇、松鼠鱼、须发鱼排、金毛狮子鱼、鸳鸯鱼丝、番茄鱼片、凤尾鱼托、芙蓉鲫鱼。

饭菜:小龙过江、什锦脱骨鱼。

汤菜:三色鱼脯汤。

二、呼伦贝尔全鱼宴

呼伦湖产的鲤鱼、鲫鱼、白鱼、红尾鱼等,肉质肥美,营养丰富,含有丰富的蛋白质、无机盐、碳水化合物、脂肪和多种维生素。用呼伦湖产的鲜鱼和湖虾,可烹制鱼菜 120 多种，称为"全鱼宴"。鱼菜不但营养丰富，而且鲜嫩味美，百吃不厌。

全鱼宴有 12 道、14 道、20 道、24 道菜一桌的，甚至有上百道菜一桌的。主要名贵鱼菜有二龙戏珠、鲤鱼三献、家常熬鲫鱼、梅花鲤鱼、油浸鲤鱼、鲤鱼甩子、蝴蝶海参油占鱼、松鼠鲤鱼、芙蓉荷花鲤鱼、湖水煮鱼、清蒸银边鱼、葡萄鱼、葱花鲤鱼、金狮鲤鱼、普酥鱼、番茄鱼片、鸳鸯鱼卷、荷包鲤鱼、煎焖白鱼、拌生虾、拌生鱼片等。

全鱼宴 44 道菜一桌的菜谱：

冷菜：拌生鱼、五香熏白鱼、炸板鱼、干炸秀丽白虾、酥鲫鱼。

热菜：珍珠鲤鱼、凤腿鲤鱼、酱汁鱼、滑熘鱼、火锅鲤鱼、松鼠鱼、蛋白鱼条、二龙戏珠、鲤鱼跳龙门、鲤鱼三献、木须湖米、葱油鱼、番茄鱼片、吉利鱼饼、醋板鱼、油浸鲤鱼、糖醋鱼卷、糟熘鱼片、煎焖大白鱼、梅花鲤鱼、蛋皮鲤鱼、清蒸鲤鱼、抓鲤鱼、芙蓉荷花鲤鱼、红焖鱼、五柳鱼、红焖鲤鱼、荷包鲫鱼、孔雀开屏、浇汁鱼、瓦块鱼、芙蓉虾仁、红烧鲫鱼、红炖鲤鱼、糖醋鲤鱼、农常熬鲫鱼、鲤鱼甩子。

汤菜：鲫鱼汤、狗鱼丸子汤。

西安饺子宴

　　饺子是中国的传统食品。饺子宴,即以饺子为主的宴席。饺子是北方人普遍喜欢的面食,馅有荤有素,佐以调料,食之味美。而使这种寻常小吃登上筵席的"大雅之堂",是西安饺子宴饭店近年来的独创,它与著名的仿唐菜点和牛羊肉泡馍,一并被誉为"西安饮食三绝"。

　　饺子是中国北方的一种面皮包馅的名食,有着悠久的历史。早在2000多年前的西汉时期,都城长安(今西安)就盛行食饺子。不过那时俗称角子,南北朝改称"偃月形馄饨"。三国时期,魏国人张揖所撰《广雅》一书中,做了有关馄饨的记载。北齐时的颜子推也曾著书曰:"今之馄饨,形如偃月,天下通食也。"偃月就是现在饺子的形状。到了唐代,饺子更为流行,称之为"扁食"。宋代时称"角角"。明刘若愚编的《明宫吏·火集》记载过年吃饺子的情况时说:"五更起,饮椒柏酒,吃水点心,即扁食也。或暗包银钱一二于内,得之者卜一岁之吉。"清代的《燕京岁时记》里,也有类似记载。到了明、清时代,才改称"饺子",并一直延续至今。

　　西安饺子宴之绝,首先在于用料多样,味型各异,造型美观。馅料既有时令鲜菜和一般鸡、鸭、鱼、肉,还有猴头菇、海参、鱼翅、发菜等山珍海味。因此有"百饺百味",茄汁、麻辣、鱼香、五味、鲜咸、糖醋、咖喱、蚝油、椒麻、红油等味型无所不包。

　　其次是烹制技术多样。基本的制法分蒸、炸、煎、煮四种,但由于各种饺子的馅料不同,其制作方法也不尽完全一样。中菜的烹、炒、爆、熘、焖、酿等方法也兼而用之。

　　最后是造型奇妙。既有泡眼朝天、修尾轻摇、栩栩如生的金鱼形,又有状若杏核、精巧玲珑的珍珠形;还有鸳鸯形、蝴蝶形、元宝形;有的又如燕窝、海螺、花卉,真是千姿百态,巧夺天工。

　　西安饺子宴,分为百花宴、牡丹宴等5个档次。每宴由108种不同馅料、形状和风味的饺子组成。宫廷宴主要是以燕丝、熊掌、甲鱼等为主料的饺子;八珍宴主要是以八珍为主料的饺子;龙凤宴和牡丹宴,则是以猴头、鱿鱼、海参等为主料的饺子;百花宴稍次一等,为普通形,除部分海味外,多数是肉类和素馅。

　　其上桌顺序也颇有讲究。从烹制方法上讲,先上炸、煎类饺子,后上蒸、煮类饺子;从口味上讲,先咸、次甜,后麻、辣。咸味饺子中,先海鲜,次鸡肉,后清素,十余道饺子以后,上一道"银耳汤"漱口清喉,调节一下口味,再继续上其他饺子,层次分明,使人回味无穷。西安饺子宴的创制和应市,受到中外宾客的热烈赞赏和高度评价。

孔 府 宴

孔府是孔子诞生和其后人居住的地方。典型的中国大家族居住地和中国古文化发祥地,历经两千多年长盛不衰,兼具家庭和官府职能。孔府既举办过各种民间家宴,又宴迎过皇帝、钦差大臣,各种宴席无所不包,集中国宴席之大成。孔子认为"礼"是社会的最高规范,宴饮是"礼"的基本表现形式之一。孔府宴礼节周全,程式严谨,是中国古代宴席的典范。孔府宴烹调手法多样,以炸、烧、炒、蒸为主,其名菜主要有:神仙鸭子、一品海参、把儿鱼翅、霸王别姬、雪里闷炭、八仙过海闹罗汉、孔门干肉、花篮鳜鱼、一品豆腐等。

孔府宴分为三六九等,单就较高级的两等来说,其数量之多、佳肴之丰美,是颇为惊人的。

第一等:是招待皇帝和钦差大臣的"满汉宴",这是满、汉国宴的规格。一等席宴,光餐具就有404件。大部分是象形餐具,有些餐具的名就是菜名,而且每件餐具分为上中下三层,上层为盖,中层放菜,下层放热水。满汉宴要上196道菜,全是名菜佳肴,如满族的"全羊带烧烤",汉族的驼蹄、熊掌、猴头、燕窝、鱼翅等。另外,还有全盒、火锅、汤壶等。

第二等:是平时寿日、节日、婚丧、祭日和接待贵宾用的"鱼翅四大件"和"海参三大件"宴席。菜肴随宴席种类确定,什么席,首个大件就上什么;大件之后还要跟两个配伍的行件。

如鱼翅四大件:开始先上八个盘(干果、鲜果各四),而后上第一个大件鱼翅,接着跟两个炒菜行件;第二个大件上鸭子大件跟两个海味行件;第三个大件上鲑鱼大件,跟两个淡菜行件;第四个大件上甘甜大件,如苹果罐子,后跟两个行菜,如:冰糖银耳、糖炸鱼排。少顷,上两盘点心,一甜一咸。接着再上饭菜四个(四个瓷鼓子,如果上一品锅,可代替四个瓷鼓子。因为锅内有四样白松鸡、南煎丸子加油菜、栗子烧白菜、烧什锦鹅脖)。再后面上四个素菜,紧跟四碟小菜,最后上面食。

若是海参三大件,也是先上八盘干鲜果,然后上海参大件,第二、第三个大件是神仙鸭子、花篮鲑鱼(俗称季花鱼)或诗礼银杏。每个大件也要跟两个行菜,如醉活虾、炸熘鱼、三鲜汤等,饭菜仍是四个,如元宝肉、黄焖鸡等。

如果是燕席四大件,就要有带烧烤的菜了。如烤鸭、烤猪、绣球鱼翅、珍珠海参、玉带虾仁等。

在饭菜方面,秋天是菊花火锅,两火锅一荤一素,冬天是杂烩火锅、什锦火锅和一品锅。

红 楼 宴

《红楼梦》诞生于18世纪中叶,它是满汉文化、南北文化相互碰撞、吸收融合的典范,是中国明末清初时期贵族生活的真实历史画卷。就是在这部傲立于世界文学之林、被誉为中国封建社会"百科全书"的鸿篇巨制中,曹雪芹用了将近三分之一的篇幅,描述了众多人物丰富多彩的饮食文化活动。正如相关资料所载:"就其规模而言,则有大宴、小宴、盛宴;就其时间而言,则有午宴、晚宴、夜宴;就其内容而言,则有生日宴、寿宴、冥寿宴、省亲宴、家宴、接风宴、诗宴、灯谜宴、合欢宴、梅花宴、海棠宴、螃蟹宴;就其节令而言,则有中秋宴、端阳宴、元宵宴;就其设宴地方而言,则又有芳园宴、太虚幻境宴、大观园宴、大厅宴、小厅宴、怡红院夜宴等,令人闻面生津。"通过各种各样的宴集,曹雪芹不仅为读者提供了一张未穷尽的美食单,更重要的是作者为我们创造了一个完整的红楼饮食文化体系。

曹家居南京、扬州60多年,饮食多为淮扬风味。曹寅编册著述疲丰,有淮扬饮食诗文问世。寅母为康熙乳娘,寅幼年为康熙侍读,过从甚密。寅在扬州多次筹办御宴,熟谙要旨。曹雪芹幼年随先祖在任上,耳濡目染皆为淮扬佳味,而《红楼梦》创作以"声色饮馔之幻"来演示人生哲理,对淮扬烹饪文化素材驾轻就熟,信手拈来皆为雅丽,令人叹为观止。当代红学家冯其庸、李希凡先生推论红楼菜当属淮扬风味。

水 浒 宴

水浒宴是根据《水浒传》中故事开发研制的特色风味宴席。宴席中的每一道菜都取材于《水浒传》中的故事情节,并结合水浒一百零八位将领的生平事迹,以及《水浒传》中所涉及的美食佳肴,经过多次在水浒故里——山东郓城、梁山、阳谷等地民间走访收集资料,虚心向老一代烹饪专家请教、潜心研究食材,精心研制而成。兼有"蒸、煮、烤、酿、煎、炒、熬、煲、烹、炸、腊、盐、豉、醋、酱、酒、蜜、椒"等十八种烹调技法,共计菜品二百一十六道,如晁盖天王鸡、武松牛肉、智深狗肉、祝家报晓鸡、杏花村烧全羊等水浒地方菜。

水浒宴的菜肴共有108道,象征108名好汉。水浒宴以《水浒传》为蓝本而提炼美食情结,以历史故事为背景延伸美食效果,通过筵席杯盏的传递而再现当年水浒英雄大块吃肉、大碗喝酒的气氛。享受水浒宴,会产生群英聚会、入寨豪饮的幻觉。

三　头　宴

扬州"三头菜"是淮扬菜中以寻常甚至腥膻味较重的原料烹制的不同凡响的佳肴。鼎中之变,微在精妙。三头菜的制作发挥了淮扬菜制作精细、擅长炖焖的特长,保持完美的外形,酥烂而无骨,黏韧、柔滑、鲜嫩而卤汁浓稠,带有居家常馔的风味,百吃不厌。

2018年9月,"三头宴"被评为"中国菜"江苏十大主题名宴。

所谓扬州"三头"是指扬州菜中最负盛名的清蒸蟹粉狮子头、扒烧整猪头、拆烩鲢鱼头,合称扬州"三头"。郑壁先生诗曰:"扬州好,佳宴有三头,蟹脂膏丰斩肉美,镬中清炖鲢鱼头,天味人间有。扬州好,佳宴有三头,盘中荷点双双玉,夹食鲜醇烂猪头,隽味朵颐留。"

扬州三头宴是三个历史传统菜领衔的宴席。化平庸为神奇,体现了淮扬菜精湛的刀工,擅长炖焖,腴嫩鲜香而各成其味,菜品完整而不失其形。黏韧柔滑,卤汁浓稠,源于民间,高于家厨。

狮子头又称葵花大斩肉,采用猪五花肋条肉细切粗斩,做成大而圆的肉圆,经炖焖后及其细嫩。据传初行于隋唐,清代已登大雅之堂。"宾厨镂切已频频,团比葵花放手新。饱腹也应思向日,纷纷肉食尔何人。"林兰凝的诗句道出此菜工艺特色与风味个性。

淮扬拆烩鲢鱼头在清代已成为名馔,"二月寻花误入凡,乡村客栈最谪仙,人间还有鱼头在,不去蓬莱五百年"。此诗是高若隐因淮扬鲢鱼头有感而发,此菜拆骨技术为淮扬厨师独创。

"扒烧整猪头"是把整个猪头去骨,放在滚水里烫,捞出来放在冷水里泡,刮掉猪皮上的碎毛屑及污垢。如此这般,一共要重复24次。锅中置一块蒲垫,把猪头皮肉加绍兴酒、酱油、冰糖,不加一滴水,放在蒲垫上小火炖6小时,至酥烂,连蒲垫一起铲起,倒扣盘中,仍是一个完整的猪头形状,用青菜及小馒头围边,是三头宴上的第一道菜。清代扬州扒烧整猪头盛行,儒释道各显神通,《扬州画舫录》记载了"江郑堂十样猪头……风味溱绝胜"。江郑堂即江潘,扬州通儒。清代《扬州竹枝词》中吟唱了法海留客烂猪头和玉清宫里道人冰糖扒得好猪头的故事。扒猪头一头十味,味不雷同。

"三头宴"与应时菜点相组成席,在消费者中产生了广泛的影响,已成为脍炙人口的名宴。

三头宴菜单

冷菜:葱油酥蜇、凉拌双脆、出骨掌翅、盐水肫仁、椒盐素鳝、玛瑙咸蛋、芥末肚丝、水晶鱼条。

四调味:酱蒜头、拌香菜、红腐乳、腌萝卜片。

大菜:清炒大玉、软兜长鱼、干炸仔鸡、鲍脯鸽蛋、扒烧整猪头、清炖蟹粉狮子头、拆烩鲢鱼头、银杏菜心、什锦椰果、应时蔬鲜、扬州炒饭。

汤菜:鸡片汤。

点心:荷叶夹子、青菜包子。

水果:时果拼盘。

大千宴

大千宴是结合张大千饮食及中国书画艺术而创制的"大千菜"。大千宴同张大千的画一样驰名海外,不仅包括国画大师张大千先生推出的大千风味菜,还融合了当今四川内江的众多风味美食,极具地方特色。大千宴全系列菜多达100余道。

当代著名的国画大师张大千不仅擅长烹饪,而且还是一位美食家。张大千调羹要求"色、香、味、形"四字,如"制香酥鸭则要求酥脆且嫩,并以生菜垫鸭身,四周不另加花、生菜,与鸭肉同时入口,味尤鲜美"。

国画大师徐悲鸿就曾在《张大千画集》的"序"中称,"张大千能调蜀味,兴酣高谈,往往入厨做美餐待客"。著名书画家谢稚柳也曾回忆道:"大千的旁出小技是精于烹饪且对客热情,每每亲入厨房做菜奉客,所做酸辣鱼汤喷香扑鼻、鲜美之至,让人闻之流涎,难以忘怀。"

"大千宴"有28道菜品是根据现收录在台湾博物馆的《张大千食谱》制作的。如菜品"六一丝"就是张大千61岁生日时,由旅日川菜大师陈建明为其设计的一款菜式,用6种原料切丝装于一盘内,暗合张大千61岁生日,菜品口味清淡爽口。

另有"思乡菜",是一道由四川土特产折耳根为主材料的素菜,体现了当年张大千游学海外时对家乡的思念。据介绍,每次请客,张大千总是会摆上这道菜。

东 坡 宴

东坡宴,即根据苏东坡美食文化为主题的创意宴席。

相传北宋哲宗四年(1089年),一日,苏轼忽发念旧之情,遂回杭州同故旧相聚。游遍湖山,天已傍晚,系舟登岸,选了处背枕孤山、面对西湖的清静酒楼,旧友们准备宴飨东坡。苏东坡却执意做东,还亲自点酒、点菜,并一一叮嘱如何用料用火。

酒家见之谈吐不凡,且深谙烹调之术,仔细端详,方知是当年疏西湖、立三石塔、筑长堤、引水浇田并有美食家之称的知州苏大人,顿觉蓬荜生辉,旋即奉上灵隐香茗、古窖酿,并根据苏大人的指点,组成一桌风味醇正的杭菜。觥筹交错间不知不觉就已晨曦初照。这时,酒家捧来文房四宝,再三恭请苏大人留下墨宝,于是东坡信手题联道:"三品六味三更雨,西日东来西子湖。"

后来,人们就把苏大人指点的这桌杭菜叫"东坡宴"。而东坡宴也依照当晚夜宴的布菜形式略加调适,形成了三冷六荤三素的"三六三"宴。近年来,江苏常州、四川眉山、江苏徐州等与苏东坡生平密切相关的城市的美食家们,参照苏东坡的饮食文化艺术,开发了形式各异、别具地方特色的东坡宴。